海错一图
居今稽古
不为无益

中国国家地理·图书
CHINESE NATIONAL GEOGRAPHY

海錯圖

笔记 肆

张辰亮 著

中信出版集团 | 北京

目录

序　被《海错图》改变的9年

2019年，《海错图笔记·叁》出版后，编辑乔琦说："你猜第四册封面会是什么颜色？"我想了想，"黄色吧？""你怎么知道？""第一册蓝色，第二册绿色，第三册橙色，也没剩几个色了，就黄色还中看点儿。"

没想到，抚摸到这个黄色的封面，已经是4年后了。

21篇文章，为何写了4年？因为经历了太多事情。新冠肺炎疫情暴发，我被关在家里，注册了抖音账号玩，结果一年多玩出了一千多万粉丝，成了科普视频创作者，自己给自己添了一大摊子事儿。社长把我从《博物》杂志调出来，成立了融媒体中心，我又带着新团队给中国国家地理拍纪录片。在疫情时代拍纪录片可太折腾人了，找选题、写脚本、出差、钻林子、找动物植物、现场讲解、被集中隔离、居家隔离、在小城市里静默、剪片子……每天都感觉头皮麻麻的，全是事儿，烧脑，发根儿都烧没了。以前天上下个小雨，我是不在乎的，因为有头发挡雨，雨水过好久才会渗到头皮。现在只要掉个点儿，就能拨开几根毛，直接砸到头皮上。在这种状态下写书太难了。《海错图笔记·肆》的很多内容，都是在隔离期间写的。这样说我还要感谢隔离。

其实写书在这个时代是不合时宜的，书报摊没了，书店也关门了，大家都看视频了，为什么还要写呢？首先，《海错图》体量太大，必须写够四本才算是考证得比较全面。另外，我今年评科学传播职称的时候，面试考官问过我："你怎么看你写的书和你做的视频，哪个重要？"我回答："在这个时代，做科普的要是想做到'普'，就必须会搞视频之类的新媒体，它可以最快地触及最多的人群。书能卖一百万册就算畅销了，但我一个视频如果做得好，能有几千万的播放量。不过视频就是当时热闹，过一礼拜就没几个人想得起来了，再过几年要是这平台倒闭了，视频也就跟着消失了。所以书还是不能丢，书能存一千年。真正想保存知识、在世界上留下点儿作品，还得写书。我在书里花的精力、投入的知识量，比视频里多了无数倍。好东西都在书里。我用视频把人聚过来，再请他们看我的书，现在就得这么着才行。”说完这一大套后，我就评上职称了。

第四本确实不好写。好写的都在前三本写完了，就剩一堆零零碎碎的物种，或者怪力乱神的生物，什么长六条腿的龟、长鸡冠子的鱼啥的。我的原则是，太虚头巴脑的就不考证了，谁知道当时是哪个村头老太太编的。至于那些能鉴定出来，但是除了名字就没故事的，我也放弃了一些，毕竟我写的是文章，不是词条。我找到一条条主线，用它们串起尽可能多的物种。这样能让碎的东西显得规整一点。所以第四册虽然只有21篇文章，但每篇体量可不小，而且考证了96种《海错图》中的生物，比第一册和第二册的总和还要多。我的目标是《海错图笔记》系列每一册都要比前一册更好，到了第四册，好不好我说了不算，至少先做到给得多。

第四册是《海错图笔记》的终结篇，到此，《海错图》中大部分的物种我都考证了，对得起我自己，也对得起聂璜。聂璜在书中多次留下“以俟后有博识者辨之”的文字，希望后世能有人解答他弄不清楚的生物问题，凡是他发问的地方，我基本都做出了回答。而且在第四册里，我挖掘到了聂璜隐藏在书中的细微情绪。他生在明清交际之时，亲身经历各种动荡，写《海错图》时又正值文字狱大兴，他心里在想什么？从《海错图》

中非常谨慎的只言片语里可窥见一二。这些文字，搁现在一些网民眼里，叫“夹带私货”“阴阳怪气”。这些网民最爱看的书大概是电话号码本，那玩意儿没私货。其实正是这些文字，使《海错图》超越了一本画谱的属性，成了一位时代变革中的活人写的有温度的书。

我从2014年开始考证《海错图》，至今已经9年了。这些年，《海错图》也改变了我很多。我有一整个书柜装满了海洋相关的书籍；认识了一堆福建的朋友，厦门几乎成了我的第二故乡；结交了各路海洋生物研究者、爱好者、摄影师；学会了很多海鲜的做法，没事儿就在家做。《海错图》在相当程度上改变了我的人生，而且是往好的方向改变。一辈子能经历这样一段因缘，是很幸福的。感谢聂璜留下这部巨作，希望大家阅读《海错图笔记》愉快。

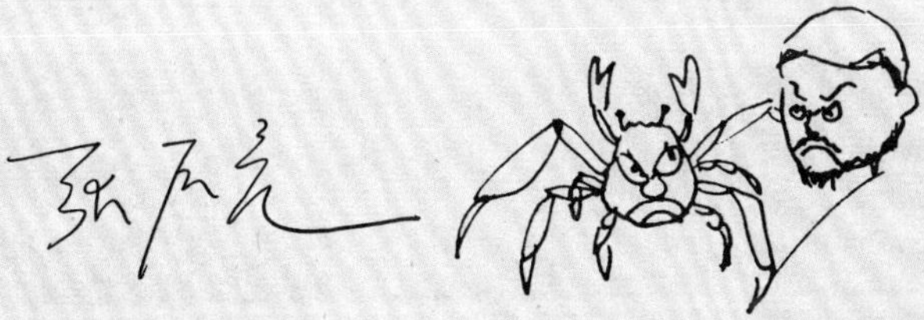

2023年1月

第一章 鳞部

閩海有魚曰楓葉兩翅橫張而尾岐其色青紫斑駁閩志福漳二郡並載此魚彙苑亦載云海樹霜葉風飄波翻腐若螢化厥質為魚或疑楓葉敗質化魚難信不知世間變化之物多有無知而化為有知搜神序稱腐草之為螢朽葦之為蛬稻之為蛩麥之為蝶皆自無知化為有知而氣易也又列子朽瓜為魚段成式遂証瓜子化衣魚之說齊丘化書老楓化為羽人吳梅村綏寇紀載崇禎十年錢塘江水柳化為魚漁人網得首尾未全半柳半魚又聞雨水多則草子皆能為魚而人髮馬尾亦能成形為蛇蟮由是推之則大江楠木之為怪深山老松之為龍益不謬矣今楓葉變魚予更訪之漁人云秋深海上捕魚網中有時大半皆楓葉而楓葉魚雜其中且惟秋後方有則變化之跡及候兩皆不爽予是以神奇其物信而圖之而并採無知化有知之諸物雜見於典籍者以彙証云

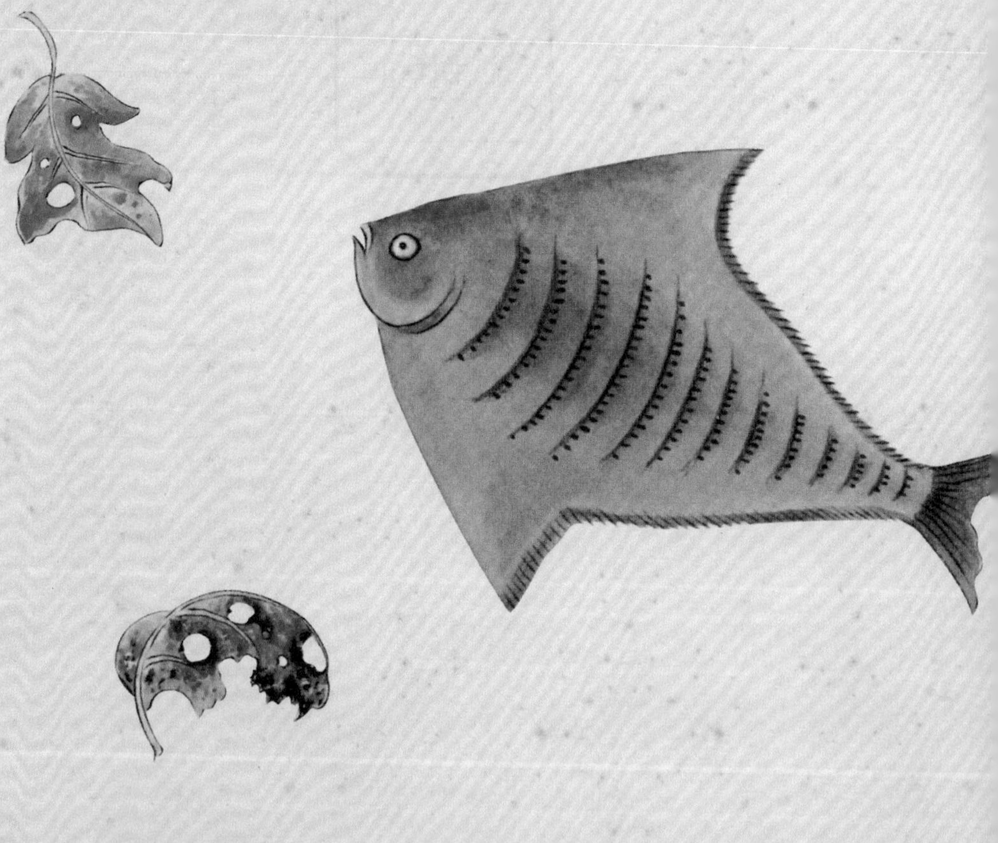

【枫叶鱼、鲳鱼】

丹枫化鱼，飘沉欲海

在秋叶飘零的季节，海洋中会出现酷似枫叶的鱼。它是枫叶所化？是拟态枫叶？还是人们一厢情愿的想象呢？

楓葉魚賛

雙文送別丹楓寫淚

飄沉慾海同偕魚水

无知化有知

一

聂璜住在福建时，得知当地有一种“枫叶鱼”，形状酷似枫叶：“闽海有鱼曰枫叶，两翅横张而尾岐，其色青紫斑驳。”当时盛传，此鱼是落入海底的枫叶变成的。聂璜常用的另一本参考书《汇苑》就持此观点：“海树霜叶，风飘波翻，腐若萤化，厥质为鱼。”

枫叶变成鱼，听上去难以置信，但聂璜却认为很合理。在他生活的时代，中国知识界流行用“化生说”解释生物现象，认为不同生物之间可以相互变化。聂璜还举了几个例子：“吴梅村《绥寇纪》载，‘崇祯十年，钱塘江木柹（音fèi，砍木头时掉下的碎片）化为鱼，渔人网得，首尾未全，半柹半鱼。又闻雨水多则草子皆能为鱼，而人发、马尾亦能成形为蛇、蟮……’。”

水猴子与熊家婆

二

这白纸黑字的记载，在聂璜看来已是叶变鱼的铁证，殊不知这是最无力的证据。我在网络上做了11年科普工作，见识了各色言论，对此很有心得。

我一直致力于辟谣“水猴子”传言。水猴子是中国民间传说的一种水怪，似人，会把游泳者抓到水下淹死。它起源于古代的“河伯”“无支祁”“水虎”“水鬼拿替身”等神话传说，后来传到日本，演变成了河童传说。

水猴子在中国的作用本来是家长吓唬小孩别去游野泳的借口，和“你再闹老妖精就来抓你了”是一个档次，在今天本该早就成为笑谈，但我发现，相信它存在的网友竟大有人在。他们相信的理由，要么是“我奶奶说她见过”，要么是“我们村以前抓到过”，最有底气的是“有人在湛江/茂名/常德……拍到照片视频了”，我一看，要么是南美洲的树懒，要么是马达加斯加的指猴，要么是欧美、日本艺术家用鱼和猴子拼接成的伪标本，甚至是一条巨蜥、一个在野塘里泡澡的男人。如此荒诞的“证据”被配上“某年月日，某地用5台电鱼机抓到的水猴子，某动物园花了30万元买走”的文字，一大堆人就信以为真了。

日本江户时代匠人制作的『人鱼标本』，是用猴子的上半身和鱼的下半身拼接而成。在当时，这种工艺品售价不菲，甚至骗过了不少欧洲人。网络时代，这些标本的照片常被中国网民传成『水猴子』

“崇祯十年（1637年），钱塘江木柹化为鱼，渔人网得，首尾未全，半柹半鱼”也属于这种情况。一件子虚乌有的事，配上时间、地点，经两三个人传播，往书上一写，就跟真事儿一样，古今皆然。

我去成都推广《海错图笔记》时，一名五六岁的小读者举手问我：“世界上真有‘熊家婆’（注：川渝地区的家长吓唬小孩儿的常用主角，一个可怕的老太太，爱吃小孩儿手指）吗？”相信“水猴子”的网民们，以及相信“木柹化鱼”的聂璜，跟这名五六岁的宝宝无甚区别。

渔民的证言

三

不过除了书上的记载，聂璜还有其他证据。他采访了福建渔民。渔人云：“秋深海上捕鱼，网中有时大半皆枫叶，而枫叶鱼杂其中，且惟秋后方有。”这可是聂璜亲耳听到的人证。于是，聂璜“信而图之”。

枫香树是中国传统语境里的枫，每片叶裂成三个尖，叶片较厚硬，树体高大魁梧

现代语境里的枫，一般指鸡爪槭。它的叶片裂得比枫香多，树姿优美，在城市绿化带里比枫香树多很多

聂璜的工作完成了，下面该我干活了：枫叶鱼在现实中是否存在？

首先我敢肯定它不是枫叶变的，否则我就成义务教育的漏网之鱼了。然后我们看其他特征。这种鱼能跟枫叶扯上关系，是因为：

1. 外形酷似枫叶。
2. 常混杂在海底的枫叶间。
3. 在枫叶飘零时节出现。

这三点里，第一点最可能是真的，因为鱼本来就扁扁的，长得像树叶是很容易的。其他两点可信度不高，可能是因为外形似叶而衍生的附会。

为什么这两点可信度不高呢？今人说的枫叶，大多指鸡爪槭，即日本京都那种著名的红色秋叶树。而中国古人所说的枫叶，大多指的是枫香树，即果实有刺而多孔，被医家称为“路路通”的那种树。然而这两种树都不耐盐碱，不会生在海边或河流入海处，所以它们的秋叶不会大量堆积在海底，渔民所说的“秋深海上捕鱼，网中有时大半皆枫叶”，就不符合常理了。渔民虽然身处与海错接触的第一线，但别忘了，他们也是爱讲故事、爱编传说的一个群体，枫叶鱼的故事，可能也是聂璜采访的那个渔民听别人说的，口口相传中逐渐失真，以至于违背了常理。再看聂璜笔下枫叶鱼身边的“枫叶”，根本不是枫香树或鸡爪槭的叶，而类似壳斗科植物的叶，可见聂璜连枫叶长啥样都不知道。于是，我放弃了从树种入手解谜的想法。

四 从鱼入手

我改为从鱼入手。中国南海有一类鱼倒是形似枫叶，那就是燕鱼属的鱼。燕鱼的成鱼相貌平平，轮廓类似水族缸里的“七彩神仙鱼”，但幼鱼极为独特：背鳍、臀鳍、腹鳍极度延长，形态、体色都和落叶相似，且泳姿都故意弄成虚弱

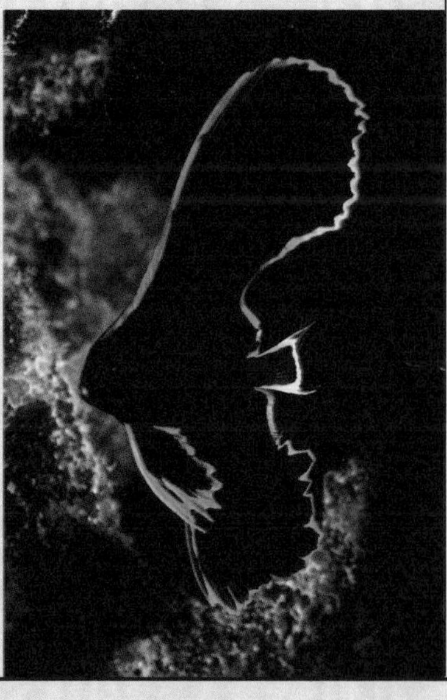

很多学者认为，弯鳍燕鱼的幼鱼，不管形态、颜色还是游泳姿态，都是在模拟缘颈角扁虫

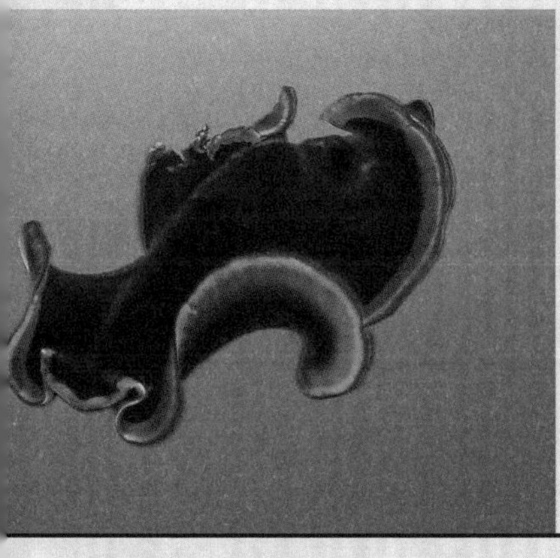

缘颈角扁虫身带剧毒，在海中游泳时好似摆动的长裙

无力、随波逐流的样子，混在流木、海藻间漂游。《中国海洋鱼类》中的描述为“幼鱼呈枯叶拟态漂移”。不过也有学者认为，其中的弯鳍燕鱼幼鱼模拟的不是枯叶，而是一种有毒的扁形动物：缘颈角扁虫。不管模拟谁，至少它的形态习性和枫叶鱼是很相似的。

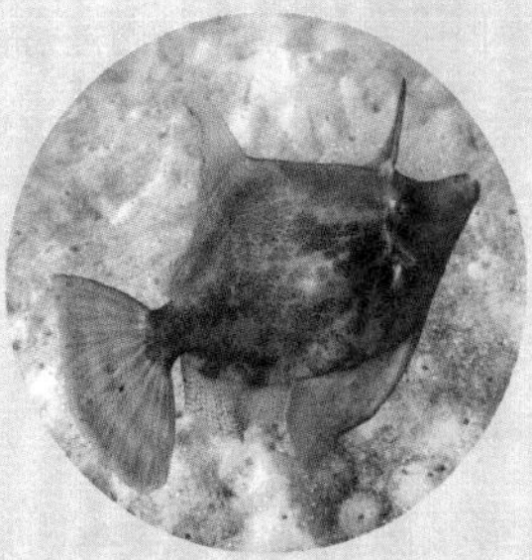

近年来，科研水下摄像机越来越多地拍到中华单角鲀在海藻丛、海底杂物间的拟态行为

还有一种鱼：中华单角鲀，背鳍突出，腹鳍后方的鳍膜特别发达，也酷似枫叶，而且符合“其色青紫斑驳”的特点。最重要的是，它的幼鱼会特意藏在海藻、落叶或其他漂浮物之间，随波摆动，隐藏自己。

然而，这两类鱼的尾鳍都是扇形的，不符合枫叶鱼的一个特征——“尾岐”，即尾鳍分叉。

长翎婆子和枫树叶 五

请教了各路人士皆无果之后，我向熟悉海洋文化的《厦门晚报》前总编辑朱家麟老先生求助。朱先生不愧是海洋文化学者，一句话就让我眼前一亮：“是不是鲳鱼？浙江有人把小型鲳鱼称为枫树叶。”我一查，还真是这样！舟山、宁波等地把大个儿的鲳鱼叫“婆子”或“长翎婆子”，管鲳鱼小苗叫“枫树叶”。小鲳鱼的个头、形状确实是“两翅横张而尾岐”，酷似枫树叶。鲳鱼侧线上方的身体泛出青紫色光泽，身上的鳞很容易脱落，捕捞上来一经运输，鳞往往就被蹭掉了，身上斑斑驳驳的，正合“其色青紫斑驳”的描述。而且从图像上来看，和《海错图》里的枫叶鱼最像的，也就是鲳鱼了。虽然今天主要是浙江人把小鲳鱼称为枫树叶，但浙、闽二省相邻，聂璜那会儿，福建人很可能也这样称呼。《闽志》里记载枫叶鱼，也就不奇怪了。

现在还有一个疑点。如果枫叶鱼只是小号的鲳鱼，聂璜为何只字不提？要知道，他在《海错图》中专门画了一幅鲳鱼图，惟妙惟肖，说明他肯定见过鲳鱼。但是写枫叶鱼时，却没有“其实就是小鲳鱼”之类的文字。我认为原因是：聂璜很可能没亲眼见过枫叶鱼。因为聂璜非常相信化生说，在书中多次显露出想证明化生说正确的欲望。若是亲眼见到化生说的证据——枫叶鱼，应该兴奋地多花些笔墨描述此鱼外观才是。但从配文看，他只在开头介绍了一句枫叶鱼的外形，其他就全是各种书对枫叶鱼的记载、渔民的讲述、对化生说的感慨，而且着重写了“福、漳二郡（地方志）并载此鱼”“《汇苑》亦载”，似乎在用这些书证明此鱼的存在。如果他亲眼见过，是不必通过典籍来证明其存在的，直接说“我某天在某地见过此鱼”就行了。

而且，他是在采访渔民之后，才“信而图之”，说明在这之前他都不信枫叶鱼的存在。所以，真实情况可能是这样：聂璜从未见过枫叶鱼，他先在福建的地方志里发现对于此鱼的记载，又通过《汇苑》的只言片语推测其为枫叶化成，然后访问渔民，听到了添油加醋后的枫叶鱼传说，信以为真。最后他让渔民画了鱼的简图，再根据简图重绘在《海

鲳科鲳属鱼类，在我国海域有好几种，长相极似，哪怕专业人士都难以分辨。它们的幼体被浙江海边人称为『枫树叶』。其外形确与枫香树叶类似

《海错图》里的鲳鱼。关于『鲳』字的由来，古籍一般有两个解释。一为『鲳鱼游泳，群鱼随之食其涎沫，有类于娼』，意思是其他鱼喜欢追随鲳鱼，舔它身上的黏液，使鲳鱼看上去就像走在街上招引男人的娼妓。这思路实在诡异，要比喻，也应该是一群小流氓调戏良家妇女啊，怎么正常游泳的鲳鱼倒成了娼妓了？另一种解释是鲳鱼喜欢和其他种类的鱼一起游泳，还能和其他鱼种随意交配，故比之为娼妓。聂璜问过渔民，得到的回答是：『此鱼鳞甲如银，在水白亮，最炫鱼目，故诸鱼喜随。且其性柔弱，尤易狎昵而吮其涎沫，非与杂鱼交也。』鲳鱼和其他鱼种交配肯定是假的，但是否有和杂鱼同游、被杂鱼啃食黏液的习性，我没有找到科学的记载，暂且存疑

错图》中。由于渔民口中的枫叶鱼就是小型鲳鱼，所以画出的图也是鲳鱼模样。但聂璜全程都不知道枫叶鱼就是小鲳鱼，所以没有在配文中提到。

有其他考证《海错图》的学者认为，枫叶鱼是刺鲳。原因是：刺鲳的盛产期在每年10月至次年1月，符合“惟秋后方有”；体侧有平行的肌肉纹理，符合枫叶鱼体侧的花纹。我觉得不无可能，但也有不合理之处。平行的肌肉纹理，很多种类的鲳都有。而且刺鲳并不是鲳科，而是长鲳科，身体呈纺锤形，上下的鳍也不伸出长尖，说白了，它是各种鲳鱼里最不像枫叶的，更与枫叶鱼的图像不符。民间都是把鲳科鲳属的幼鱼称为枫树叶，没有把刺鲳称为枫树叶的。前文我已经分析过，渔民的话不合常理，很可能是道听途说的，所以

渔民说“惟秋后方有”不宜作为参考。鲳科鲳属的幼体常出现在夏季，浙江人不照样称其为枫树叶嘛！

另外还有两个可能的原型：鲾和篮子鱼。今天的福建、浙江等地，有把鲾科和篮子鱼科成员称作“叶子鱼”“树叶仔”的。它们个体小，身体侧扁，尾鳍分叉，与枫叶鱼的描述也有相似之处。但它们和刺鲳的问题一样，体形是纺锤形的，不像枫叶，而像榕树叶（注：鲾的另一个福建名字就叫“榕叶仔”）。所以，根据枫叶鱼的图像和今天沿海居民依然沿用的俗称，我还是认为，枫叶鱼最有可能是鲳科鲳属的幼体。

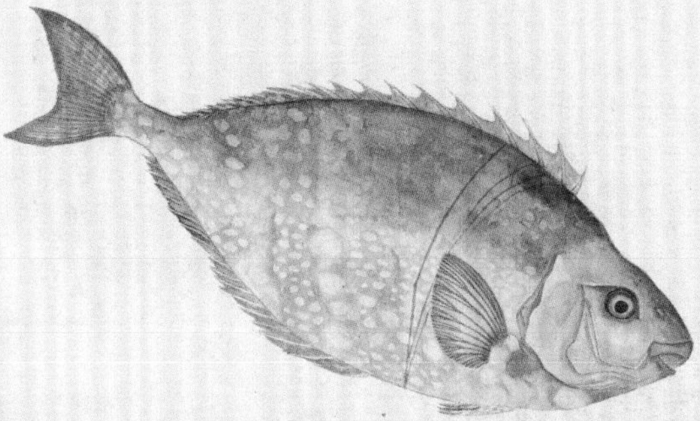

日本《梅园鱼谱》中的褐篮子鱼。篮子鱼类都是这样的体形。在今天的中国，它们更常用的俗称是泥蜢和臭肚鱼，因其爱食用淤泥中的藻类，死后肠胃中的藻类发酵，剖开鱼肚子就会发出臭味

鲾科鱼类喜在近岸活动，尸体常被风浪推到沙滩上。它们浑身银光闪闪，嘴的形状怪异如鸡喙，可以突然弹出成长管，把食物吸入口中

潛龍鯊青色而有黃黑細點頭如虎鯊而圓口上缺裂不平背皮上有黃甲六角如龜紋而尖凸長短共三行其肉甚美切出有花紋故比之龍云閩海尚少偶然網中得之漁人兆多魚之慶一年卜吉大者入網即斃小而活者漁人往往放之此魚浙海無聞廣東甚多其味美冠諸魚漁人往往私享不售之市即有售者亦鬻分其肉即閩人亦不獲覩其狀予訪此魚九七易其稿續後福寧陳奕仁知其詳始訂正然黃甲六角而尖起平畫失其本等今特全露背甲使邊旁側處斜顯其尖即正面亦於色之淺深描寫形之高下畫雖不工而用意殊費苦心識者辨之張漢逸謂此魚即鱘鰉之類然鱘魚鼻長口在腹下今此魚不然　屈翁山廣東新語載潛龍鯊甚詳

潛龍鯊贊

肉美稱龍　甲黃比錢
網戶得之　卜吉經年

【潜龙鲨】

身披金甲，潜龙在渊

这是《海错图》中极具魅力的一条鱼，但要说清它到底是什么，可是一件难事儿。

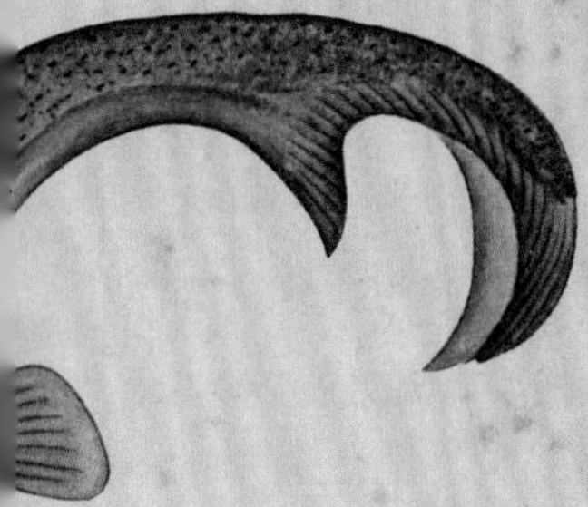

3D立体画风

一

《海错图》里有一幅画，画了一条巨大的鱼，而且绘制细致，配文详尽。但我从2015年到2020年，一直无法确认它是哪种鱼。

先来看看聂璜是如何描述它的："潜龙鲨，青色而有黄黑细点。头如虎鲨而圆，口上缺裂不平。背皮上有黄甲，六角如龟纹而尖凸，长短共三行，其肉甚美，切出有花纹，故比之龙云。"

按聂璜的记载，此鱼在广东很多，浙江海域没听说有出产，福建海中有，但很少，"偶然网中得之，渔人兆多鱼之庆，一年卜吉"。由于是吉兆，渔人会把捞到的小潜龙鲨放生。而大型个体往往"入网即毙"，放了也浪费，加上"其味美冠诸鱼"，渔人干脆私自享用，不售于市；就算偶有出售，也只是肉块，即使是当地人，也极少有人见过其全貌。

那聂璜见过吗？好像见过，又好像没见过。他写道："予访此鱼，凡七易其稿。"这个"访"字很微妙，也不知他是直接观察到鱼了，还是仅采访了见过鱼的渔民。之后，福宁州（注：今福建宁德、霞浦一带）有个叫陈奕仁的人知道潜龙鲨的模样，给聂璜的画做了订正。但聂璜还是不满意，因为陈奕仁把潜龙鲨背上的六角形黄甲片画成了一个个平板。而聂璜知道每个甲片的中央都是凸起来的。为了展示这种立体结构，他重起炉灶画了一张，特意让鱼身扭转，展示出甲片的侧面轮廓，"使边旁侧处斜，显其尖"。而那些正面面对观者的甲片，他就用"色之浅深描写形之高下"。从画里能看出，聂璜不太擅长表现这种3D立体感。他也承认"画虽不工，而用意殊费苦心"，如此用心，就是为了让"识者辨之"。他希望后世看到这幅画的人，能根据这个宝贵的特征认出潜龙鲨的真身。

『盲人摸象』式画法

二

现在我们分析一下，聂璜到底见没见过潜龙鲨。通观《海错图》，聂璜的写生能力是不错的，但凡他认真观察过实物，就能顺利画出写实的作品。而聂璜画潜龙鲨时“七易其稿”，之后还要请别人订正，说明他每次只能获得一些碎片化的信息，也就是说，他没观察过完整的鱼。加上他说此鱼“即有售者，亦脔（音luán，切成小块的肉）分其肉，即闽人亦不获睹其状”，我们可以推测：聂璜只在市场上见过潜龙鲨的残块，对个别细节（如甲片形状）是非常确定的，却不知整鱼的模样。长居福建的他，只能不断询问“闽人”，最终根据自己所见、道听途说、陈奕仁的指正，画出了这条潜龙鲨。

谜底是中华鲟？

三

在潜龙鲨配文的最后，聂璜写道：“屈翁山《广东新语》载潜龙鲨甚详。”《广东新语》是清初的一本“广东百科全书”，由屈翁山（屈大均）所著，里面记载了不少广东的海洋生物，比《海错图》成书早一些，是聂璜写《海错图》时经常引用的参考文献。

我找来《广东新语》，里面果然有个“潜龙鲨”的词条，是这么写的：“南海有巨鱼，曰潜龙鲨，盖鱼种而龙者

我在厦门的自然资源部第三海洋研究所拍到的中华鲟标本，可见其背面的六角形骨板

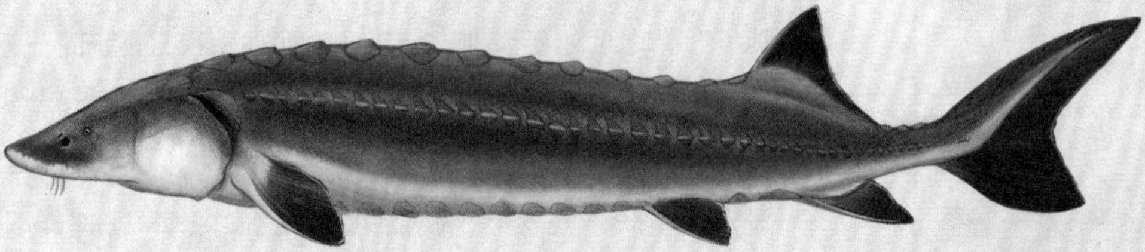

中华鲟全身共5行骨板，背骨板通常12～14枚，侧骨板通常28～36枚，腹骨板通常10～15枚。和《广东新语》记载的潜龙鲨骨板数量相符

也。有网得者，长五尺许，重百斤。其小鱼从者数千，至不可网。肉甚甘，诸骨柔脆，惟鳞坚不可食。鳞大者如掌，可为带及酒器饰，小者中杂佩。脊一行，腹二行，鳞皆十三。两翅两行，鳞皆三十。”

这段文字多了一些细节：潜龙鲨可以长到一个成年人大小（清代五尺≈160厘米），骨头类似软骨，鳞片大而硬，可以做装饰，全身一共五行鳞，连每一行的鳞片数量都有。

答案似乎非常清楚了，这不就是鲟鱼吗？鲟鱼在分类上虽属于传统的“硬骨鱼类”，但骨骼骨化程度很低，是软骨的状态。体被五行骨板，脊梁一行，腹部两行，左右侧面中线各一行。

中国目前有8种鲟，我开始使用排除法。白鲟的身体没有骨板覆盖，先排除。剩下的鲟科里，西伯利亚鲟和小体鲟分布于新疆额尔齐斯河；裸腹鲟在新疆伊犁河和锡尔达里亚河；施氏鲟和达乌尔鳇在黑龙江；达氏鲟主要分布在长江流域，历史上也有采自黄河、烟台的记录；中华鲟能从长江一直分布到珠江，而且在江海之间洄游，在这些地区的海域也有。所以，只有中华鲟符合《海错图》和《广东新语》里潜龙鲨在福建、广东出产的特点（注：浙江的海域中更多，聂璜说“浙海无闻”，应该是因为浙江人不把鲟鱼称为潜龙鲨）。我又找到几张中华鲟的照片，每个骨板还真都凸出一个尖，数数鳞片，果然是脊梁13个左右，腹部每行13个左右，身体侧面每行30个左右！

所以，潜龙鲨就是中华鲟？

最大的疑点

四

可是，《海错图》里的另外几句话又让我含糊了起来。

聂璜有一位好友张汉逸，聂璜对他的评价是“业医而博古，无书不览”。中医需要了解很多动植物药材，从事医学工作且广览多读的张汉逸也算是位博物君子了，聂璜经常和他讨论生物问题。对于潜龙鲨，张汉逸的看法和我一样：“此鱼即鲟鳇之类。”聂璜却不同意：“鲟鱼鼻长，口在腹下，今此鱼不然。”前文说过，聂璜笔下的潜龙鲨“头如虎

鲟鱼的共同特点是口在腹面，口前有长长的、布满感觉器官的吻。这适合它们在底沙上寻找食物

鲨而圆”，他的画也显示鱼嘴是向前开口的。这是怎么回事？没有任何一种鲟鱼是这种嘴。2015年，我第一次试图考证潜龙鲨时就卡在了这个问题上，困扰了很多年。

日本象鼻怪鱼 五

2019年，为了丰富《海错图》的图片素材，我找到了日本国立国会图书馆公开版权的《栗氏鱼谱》。这套图谱是由日本江户时代的本草家栗本丹洲所绘，他生活的时期相当于中国清朝中后期，当时日本的近代博物学已经开始发端，出现了很多形态极为准确、称得上科学手绘的动植物图谱，和传统的本草书、工笔画已经不同了。栗本丹洲就是当时的一位博物学家。《海错图》里的许多物种，《栗氏鱼谱》里也有，并且绘制得更科学，可以做考证的辅助材料。

在翻看《栗氏鱼谱》第一卷时，我看到了一幅画。它一改科学准确的画风，非常稚拙。画的是一条怪鱼，长了个象鼻子，身体覆盖六角形甲片，还支棱出很多刺。我一下就想到了潜龙鲨。看看旁边的配文吧，都是日文，不知所云。看到最后一行，赫然出现了几个汉字：“广东新语……潜龙鲨……”还真是潜龙鲨？！

《栗氏鱼谱》里的象鼻怪鱼

从这张中华鲟的照片里可以看到，腹部的骨片形状正和细辛叶相似，与《栗氏鱼谱》里所绘无异

我立刻找周围懂日语的朋友翻译这段文字，可他们说这是古日语，相当于文言文，不会翻。直到2020年9月，才找到可以胜任此项工作的人：时任中山大学历史学系特聘副研究员，研究日本科技史的邢鑫老师。他仅用一晚上就给我发来了译文：

双叶细辛的叶片

“安永八（1779年）己亥岁九月二日，阿州名东郡津田浦（注：今德岛县德岛市）撒网捕获之异鱼，方言Zaubuka，又名Sauzame。自眼至尾长七尺，鼻形似象鼻，长三尺余。背上有甲，赤如朱。一体六角，有剑，形如鸢口。腹部有两行形如葵的硬鳞。常闻有哭泣声。或云背脊有甲三行。兰山（注：小野兰山，和栗本丹洲同时代的本草家）云：此是鳣鱼。《启蒙》（注：即小野兰山所著《本草纲目启蒙》）中云：鱼口近于颔下，其上皆有大甲相连。身有六棱，棱有角，硬如铁。甲每有岐角，腹部有甲相连，形如双叶细辛叶。丹洲按：此鱼原画虽看过，拙野不堪一览。因而想象作此图，姑备他日之考镜。自尾端至鼻尖一丈余之大鱼也，如兰山所说，应当是鳣鱼之类，尤称奇品也。《本纲》（注：即《本草纲目》）之鳣鱼即今之蝶鲛（注：即鲟鱼），《广东新语》云潜龙鲨。”

原来，这是一条从日本沿海捕获的大鱼，有3米多长（注：日本江户时代，1尺=30.3厘米），事件记载于小野兰山的《本草纲目启蒙》里，栗本丹洲没有亲眼见过，只见过一幅“拙野不堪”的原画，再根据小野兰山的描述，凭想象画出了此图。难怪看起来怪怪的了。虽然失真非常严重，但鲟鱼的长吻、六角形骨板、骨板上凸出的尖刺、口在腹面等特点都鲜明可见，连鲟腹部的骨板形似双叶细辛（注：一种植物）的叶片，都和现实符合。栗本丹洲和小野兰山一致认为，这就是鳣（音zhān）鱼。而鳣，正是鲟鳇类的古名。

江户时代的日本博物学家只是在绘画的科学性上超过了同时期的中国人，但对物种本身却研究甚少，需要大量引用中国古代文献，所以他们对中国博物学古籍是十分了解的。栗本丹洲认为这条鲟鱼就是《广东新语》里的潜龙鲨，更坚定了我“潜龙鲨=鲟鱼”的信心。

现在我要解决最后一个疑难问题：为什么聂璜的潜龙鲨没有尖吻，且嘴开口冲前？

尸体带来的灵感

六

2019年12月23日，长江水产研究所研究员危起伟发表了一篇论文，认为白鲟已经灭绝，引发社会热议。我在看论文时，发现里面有一张照片，是1984年在长江葛洲坝发现的白鲟尸体。白鲟的嘴本应开口朝下，前面有个极长的剑状“鼻子”，可照片里的鱼没有“鼻子”，咧着一张巨大的嘴，开口朝前。后来才知道，这是一只头部严重损毁的白鲟，所谓的嘴，其实是残存的鳃部。写此文时，我突然想到，聂璜的潜龙鲨会不会也是这种情况？

1984年，危起伟在葛洲坝下发现的白鲟。其头部严重损毁，看上去颇符合『头如虎鲨而圆，口上缺裂不平』。聂璜所见的潜龙鲨，应该也是类似的头部残缺的个体

正常的白鲟，有一个长长的剑吻

重新看《海错图》原文，我发现了之前被忽视的一个点：“头如虎鲨而圆，口上缺裂不平。”缺裂不平！再看图画，潜龙鲨的口缘真有不规则的缺口，这说明聂璜观察的是一只头部缺损的个体！之前说过，聂璜见到的潜龙鲨都是市场上的残块，他如此确定地以头部特征反驳张汉逸的鲟鱼说，很可能是因为他亲眼看见过头部的残块，而那一块的吻尖恰好断掉了。这让鲟鱼的头部由尖变圆，口裂也因此大开。聂璜以为这是潜龙鲨的本来模样，就忠实地记录了下来。

最大的一个疑点已经解开。《广东新语》的一段文字，日本人的一幅手绘，葛洲坝下的一只残缺的白鲟尸体，看似互不相干，却在我手里汇聚在一起，共同指向一个结论：《海错图》里的潜龙鲨，就是一条鲟鱼，而且极有可能就是著名的中华鲟。

【党甲鱼、鳗腮鱼】

腹大口侈，谁为虾虎

这两种东南沿海的常见鱼，到底谁是真正的虾虎鱼？

党甲魚閩之土名也活時黃背白腹斃則色紫俗名海豬蹄又名鼈戳盒象形也閩誌無其名考彙苑海中一種魚類土附而腮紅若虎善食蝦謂之蝦虎魚疑必此也土人云三月多味亦美

党甲魚贊

党甲名土殊難入譜
腹大口侈定為蝦虎

被拍扁的鱼

一

第一次翻开《海错图》时，这条鱼我看了好久。后来，每次翻，都会停在这幅画，翻来覆去地看。

使我停留的，是一种难受的感觉：看着特别眼熟，但就是想不起在哪儿见过。这条鱼像被压扁了一样，眼睛在头顶，嘴半尖不尖。最有特点的是，紧挨胸鳍后面又长出两根三角形的长鳍。聂璜说，此鱼“活时黄背白腹，毙则色紫。俗名海猪蹄，又名厘戥盒，象形也”。就是说这鱼头粗尾细，很像猪蹄或者装小秤的木盒。但这只是照图说话，对我的鉴定依然没有帮助。再看鱼名：“党甲鱼，闽之土名也。”好怪的名字，从来没听说过。但是这鱼，我肯定见过……

2017年，我跟朋友去福建晋江逛码头。进了一家鱼档，地上摆了一排养海鲜的玻璃缸。其中一个缸的缸底，孤零零地趴着一条鲬。这种鱼在当地被称为牛尾鱼，多得是。朋友和鱼档老板聊天，我无事可做，就盯着这条鲬放空。看着看着，突然两根脑筋搭上了：这不就是党甲鱼吗！身体扁平，嘴尖、头粗、尾巴细，而且背黄、腹白，最重要的是那两片紧挨胸鳍的怪鳍，不正是鲬的腹鳍！按鱼类解剖学的说法，这对腹鳍位于亚胸位，与胸鳍过于接近，看上去就比较怪异，但正和“党甲鱼”之图相符。

鲬在市场上俗称「牛尾鱼」「辫子鱼」，胸鳍与腹鳍挨得很近

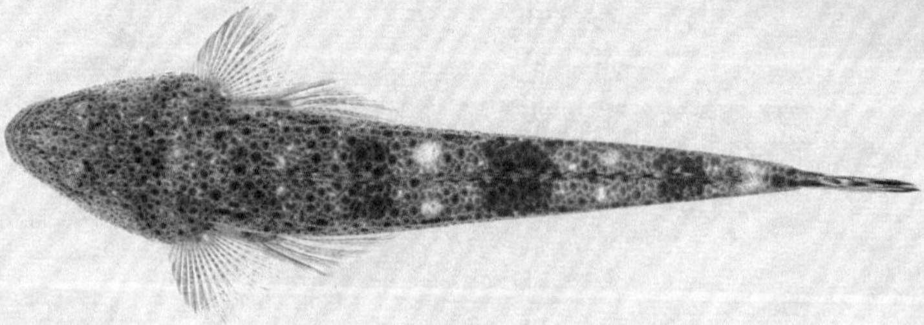

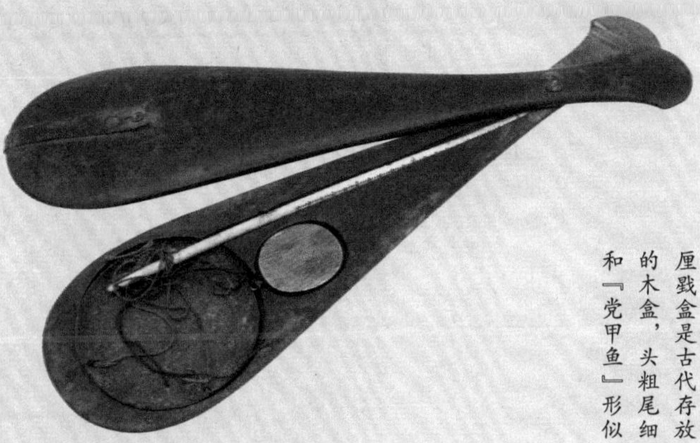

厘戥盒是古代存放小秤的木盒，头粗尾细，正和『党甲鱼』形似

鲾从东北到海南，无地不产，我在鱼市见过太多了。但市场上的基本全是堆在一起的死鱼，标志性的腹鳍紧贴着身体，所以我印象不深。而晋江这个鱼档紧靠码头，得鲜活之便，我有幸看到这条水中的、腹鳍舒展开的活鱼，这才和党甲鱼联系上。

二 『党甲』何意？

但到此还不够，我还要确定鲾有“党甲鱼”这个俗名，才能最终盖棺定论。以我所知，如今鲾在北方一般叫辫子鱼，在南方一般叫牛尾鱼，没听过谁叫它党甲鱼。上网搜“党甲鱼”，出来的全是党参甲鱼汤怎么做好吃。一天，我在考证《海错图》中其他鱼时，翻开一本书——《台湾海峡及其邻近海域鱼类图鉴》，这本书由厦门大学的专家编写，涉及的海域正是聂璜所在的福建海域，很有参考价值。而且书里收录了每种鱼的地方俗名，这是很多图鉴没有的。我无意中翻到鲾那一页，“地方名”一栏写着：“竹甲、土甲、牛尾鱼、盾甲鱼……”哎呀！“竹甲”“土甲”“盾甲”“党甲”，是否都是对此鱼福建土名的记音呢？

鲬科鱼多栖息在海底，体色形似沙砾，喜欢在沙中只露出双眼，伏击猎物

我问了一些福建的朋友后，思路逐渐清晰：鲬的体形、体色很像竹箨，也就是笋长成竹子时脱落下来的“笋壳”，福建不少人管笋壳叫竹壳（漳州发音：di ka，泉州发音：dei ka）或竹甲（福州发音：di za，宁德发音：due ga），所以鲬的福建土名真正写法应该是竹壳鱼或竹甲鱼，但若不知其由来，听音记名，就容易写成土甲鱼、盾甲鱼。杭州人聂璜，则选择写成“党甲鱼”。

聂璜自己也觉得这个写法不知所谓，过于土味，就在《党甲鱼赞》里吐槽：

党甲名土，
殊难入谱。
腹大口侈，
定为虾虎。

这首赞的意思是，党甲鱼是土话音译，不是能列入鱼谱的好名字。鉴于它肚子大、口裂宽，还是叫它虾虎吧！因为聂璜发现《汇苑》里记载了一种海鱼，形似土附鱼（注：今称杜父鱼，一类腹大口宽的凶猛鱼类）而腮红，若虎，善食虾，谓之“虾虎鱼”，他怀疑党甲鱼就是这虾虎鱼。聂璜认为，“虾虎鱼”一名能体现此鱼的食性和体形，是更雅驯的名字，应该作为党甲鱼的正式名称。

虾虎之王 ㊂

可惜，党甲鱼不是虾虎鱼。

古时所称的虾虎鱼，和今天鱼类学里的虾虎鱼是一样的，属于鲈形目虾虎鱼科。但党甲鱼是鲉形目鲬科的，二者关系很远，只不过因为都是底栖性，而演化出了相似的外形，这在生物学上称为“趋同进化”。不过要区分也很容易，真正的虾虎鱼有个特点：两片腹鳍愈合成了一片吸盘，可以吸在水底，不被水流冲走。而鲬的腹鳍是两大片，由此就可以和虾虎鱼区分开。

有趣的是，《海错图》中有一条真正的虾虎鱼，聂璜却不认为它是虾虎鱼。

这条鱼被聂璜称为“鳗腮鱼”，画得很写实，尤其突出了一个特点：“划水之中，复有一鳞在其腹下。”这“一鳞”正是腹鳍愈合成的吸盘，说明这是一种虾虎鱼。但聂璜画的这种比常见的虾虎鱼要大太多了，且身体细长，不像虾虎鱼的轮廓，反而如蛇如鳗了。加上它“软滑涎粘，手中难握”，所以聂璜根本没往虾虎鱼的方向想，而是猜测它“或海鳗之种类也”。

其实，这种鱼是中国最大的虾虎鱼，曾被学界长时间称为“矛尾复虾虎鱼”，但现在正式名称叫“斑尾刺虾虎鱼”。绝大部分的虾虎鱼，能长到一根手指那么长就不错了，可斑尾刺虾虎鱼能长到半米长，简直耸人听闻。斑尾刺虾虎鱼如今在沿海地区的俗名大多是“沙光”“逛鱼”“大头逛”之类，喜欢躲在浅海的沙子里，伺机吃虾、吃蟹、吃沙蚕。它太贪吃了，钓鱼的人只要确定这片浅滩有它，连鱼钩都不用，直接把沙蚕穿线扔水里，一会儿提一条一会儿提一条。要是有鱼钩，挂个饵在水底拖行一下，更了不得，斑尾刺虾虎鱼立刻围过来，而且绝不像有些鱼那样瞪着钩试探半天，而是“吃死口”，扑过来直接连钩带饵嘬进肚子里，管你这个那个的。

鰻鰓魚軟滑涎粘手中難握划水之中復有一鱗在其腹下尾圓而大背腹之翅皆濶或海鰻之種類也福州志有狀鰻疑即此

鰻鰓魚贊

罷而且軟柔而更韌
本不剛強却又狡滑

《海错图》中的『鳗鳃鱼』

厦门市场上的斑尾刺虾虎鱼

贪吃成性的它，可以在一年的时间里，从一枚卵长到半米长。但是欢乐的时光总是过得特别快，一年终了，它就要死了。是的，它的寿命只有一年。死前，雌鱼在巢里释出无数后代，一条雌鱼最多可产8万多粒卵，把肚子生空，生完就走，在别处慢慢瘦死。雄鱼在巢里废寝忘食地护卵，撑到幼鱼孵出后，也瘦弱而死。

何其痛快！用一年的时间吞食天地，专心成长，成为虾虎之王，留下海量后代，完成任务收工去死。春夏秋冬、风霜雨雪、饱足饥饿、悲欢离合全都经历了，一辈子只有一年又怎样？值啊！

是魚福寧稱爲松魚魚類雖無此名然考本州誌書內實有松魚其色深青其形豐背平腹翅有硬刺上下有鬚而身無鱗如淡水中汪刺狀其肉細頭頂骨內有佛像一軀食者每剔出玩之考字書有魚曰鯡註音佛海魚今此魚頭中有佛疑即鯡魚鮎魨鰣魠意取鋸肶時化字彙載此不必全露則弗之爲佛宜矣况又指海魚尤非江湖之魚所得混清若是則因松魚識得鯡字

松魚贊

魚頭有覺佛所棲足
濮上來遊同歸極樂

【松鱼、鼠鲇鱼、海鼠、刺鲇】

头中有佛，杀鼠何妨

中国海里的鲇鱼没几种，两只手就能数过来。但《海错图》里的鲇鱼，考证起来却令我迷惑。

海南市场上的海鲇

简单的松鱼 一

《海错图》里的“松鱼”，本来是极易考证的。此鱼外形明显是某种鲇鱼，鲇形目在中国海里就两个科——海鲇科和鳗鲇科。鳗鲇长得像鳗鱼，与“松鱼”相差甚远，而海鲇科正是“松鱼”的模样。福建、潮汕人至今还管海鲇叫“松鱼”“黄松”“油松”“松仔”。再看聂璜的描述：“其色深青，其形丰背平腹，翅有硬刺，上下有须而身无鳞，如淡水中汪刺（注：黄颡鱼，即黄蜡丁、嘎鱼）状。”句句都和海鲇符合。所以“松鱼”根本谈不上考证，一眼就知道是海鲇。顶多再多嘴两句：应写为“海鲇”，而不是“海鲶”。虽然鱼类学书籍中常常使用“鲶”字，但“鲶”被中国大陆语言学官方列为“鲇”的异体字，不应用在正式场合。而鱼类学者往往不知道这个语言文字标准。

没了，“松鱼”就这么点儿要说的。但聂璜的另一句话，又给我找事了。

头内有佛 二

聂璜有个执念，认为“松鱼”这类名字只是乡野土名，古人一定早就给每种鱼单独造了一个鱼字旁的字作为正式名，但被今人遗忘了。聂璜写《海错图》的一大目的，就是从古代字书中找到各种鱼字旁的字，并匹配到现实中的鱼上，找回它们的正式名。但这种“正本清源”只是他一厢情愿的想象。他发现字书中有个字“鯡”，注音“佛”，含义为“海鱼”。聂璜认为，“鯡”就是松鱼的正式名，因为“此鱼头中有佛”“头顶骨内有佛像一躯，食者每剔出玩之”。

照这么说，“鲜”岂不是长羊犄角的鱼?!“鳃”岂不是善于思考的鱼?！聂璜的这种考证思路当然是无稽的，不值一驳。但松鱼头内有佛这件事吸引了我。我知道带鱼、鲥鱼的头骨能拼成仙鹤（注：在《海错图笔记·叁》里，我记录

谷峰帮我拍摄的海鲇头骨及其头内的耳石

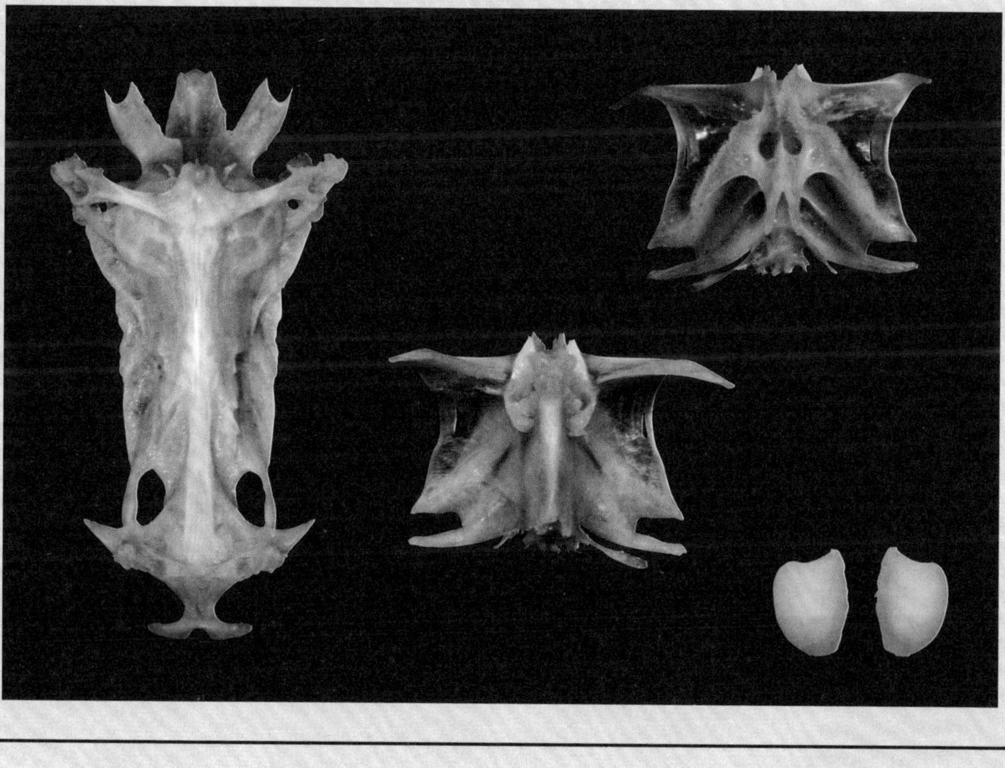

了拼仙鹤的全过程），四川的“雅鱼”（注：齐口裂腹鱼、重口裂腹鱼）头内有一枚骨片形似宝剑，但我从未听说海鲇头骨里有佛像。聂璜常住福建，松鱼也是福建土名，按理说“鱼头有佛”应该是福建的说法，但我问了一圈福建的朋友，没人听说过。

我倒是见过好几次海鲇，不过都是旅游时在海鲜市场碰到的，没条件看骨头。无奈求助海南的朋友谷峰，他帮我买到了海南鱼市上的海鲇。谷峰把鱼煮熟、取出头骨，从各个角度拍了照片并发给我，但我怎么也看不出佛像在哪里。中国有5种海鲇，难道是分布在福建的某种海鲇头内才有佛像？难道是鱼脑子像佛？我没能力收集每种海鲇，这个问题只能暂时搁置了。

三 耶稣受难像之鱼

不过也有意外收获。我找资料时发现，在拉丁美洲国家，这件事有另一个版本。他们把海鲇科鱼类称为“Crucifix Fish”，意思是耶稣受难像之鱼。因为在他们看来，海鲇头骨上的凸起特别像被钉在十字架上的耶稣。这是真的像，至少一眼能看出大大的十字架形状，中央隐隐隆起一个人形，形似耶稣。有商贩还会给这个人形画鼻子、画眼睛，使耶稣看起来更加明显。不过，这个双臂大张的形象实在不像是佛的动作，所以松鱼头中的佛像，指的应该不是这个耶稣像。

中国人的宗教意识不强，发现鱼头骨像个佛、蟹胃像个法海，只是当作餐桌小节目增添吃饭的乐趣。但很多拉丁美洲的基督教徒真的认为海鲇头骨是上帝的一种启示。有一个外国网站叫“耶稣受难像之鱼的见证”（网址是https://thecrucifixfishtestifies.com），上面把海鲇头骨的每一个犄角旮旯都解读出含义来：这几个骨片像羊头，代表《圣经》

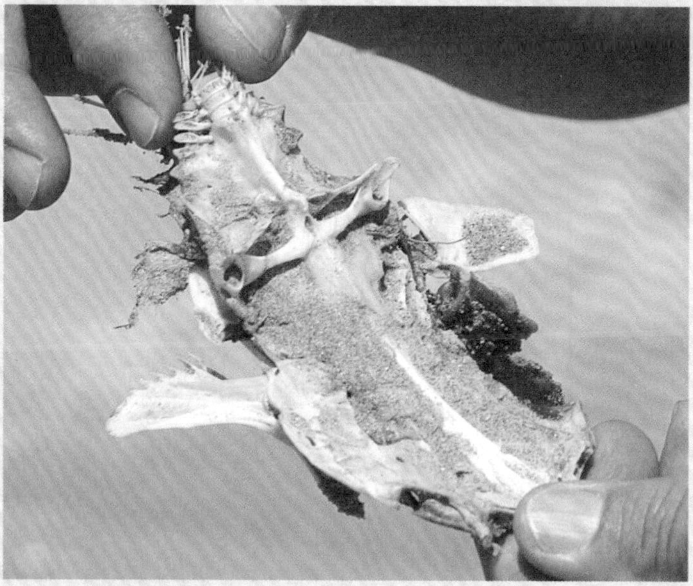

美洲海岸边捡到的海鲇头骨，隐约可见『耶稣受难像』

南美洲工匠将海鲇头骨涂色，使耶稣像更加明显

里的替罪羊；那两个部位像反手吊挂的人，代表和耶稣一同被钉上十字架的两名犯人；头骨顶部有一道长长的缝，代表耶稣死时犹太圣殿里突然自动裂开的帐幕；还有一片骨头像宝剑，代表刺入耶稣侧腹的朗基努斯之枪（不过这个骨片在“耶稣”的脚下）……网站的主人认为，海鲇的头骨“准确无误地描绘了《圣经》中的重要事件——耶稣被钉十字架”，海鲇死后的骨骼被海浪推到沙滩上，是上帝在提醒人类观察这一神迹，而大部分人没有意识到上帝的苦心；不同教派对耶稣之死的细节描述不同，观察海鲇的头骨，就可知道耶稣之死的正确版本，因为“鱼不会说谎”。

我想起王小波写的一件事：在政治挂帅的年代，有一个香烟的牌子——“黄金叶”，它的商标是一张脉络纵横的叶片。运动中的激进分子声称从叶脉里看出了十几条反动标语，甚至还有蒋介石的头像。王小波找来“黄金叶”商标，扭着脖子横看竖看，什么也没看出来，还因此落了枕。

人类和其他动物的一大区别，就是人的想象力极其丰富，尤其是大脑被一些力量驱动的时候。

鼠鲇食鼠

四

前面说了，中国海里的鲇形目只有海鲇科和鳗鲇科，《海错图》里的另一种鱼“鼠鲇鱼”，可能就是鳗鲇科的。

看聂璜对“鼠鲇鱼”的文字描述，和鳗鲇很像：“头尾全似鼠，身灰白，无鳞而有翅，嘴傍有毛，似鼠之有须。大者不过重二斤，可食。”鳗鲇口旁有须，身体越往后越细，以“尾巴尖”结尾，非说像鼠尾也不是不行。成体也和大老鼠一般大小。幼体时，黑褐色的身体上有四条明显的黄色纵带贯穿头尾，但成年后，纵带颜色会变得不明显，尤其在被

《海错图》里的『鼠鲇鱼』

深圳渔船捕捞的鳗鲇

捕捞上来之后，体色也会变浅，是可以称为“身灰白”的。但是文字归文字，聂璜画出来的“鼠鲇鱼”可是太离谱了，完全就是一只耗子，只是把腿换成了鳍。这让我严重怀疑他没见过实物，很可能是按照别人的描述想象着画的。

聂璜引用《汇苑》的记载：“海中有鱼曰鼠鲇，其尾如鼠而善食鼠。每绐（音dài，欺骗）鼠则揭尾于沙涂，鼠见之，以为彼且失水矣。舐其尾，将衔之。鼠鲇即转首厉齿，撮鼠入水以去，狼籍其肉。”他以此传说求证于他人，一名叫滕际昌的人说：“（鼠鲇）鱼形状全类鼠，特少足耳。然在水游行如鼠，多及登泥涂，如蚯蚓曲躬而进，趑趄不前之状亦如鼠，诱鼠而食。虽不及见，想亦宜然。”漳州的陈潘舍则告诉聂璜：“此鱼闽海亦有，日则水面浮行，夜尝栖托岩穴。故老相传，寔鼠所化。”

这些说法有几个要点：

1. 海涂间常有老鼠出没。这是合理的，尤其是码头一带的海岸，常有渔船丢弃的鱼虾，是老鼠的好食堂。我晚上在厦门沙坡尾岸边遛弯时，就看到大老鼠在礁石间呲溜呲溜地乱窜。

《海错图》里的『海鼠』。聂璜记载：『灰白色，穴于海岩石隙。能识水性，潮退则出穴觅食。』有学者将其解释为小爪水獭，此说毫无根据。从『海鼠』的图像和《海鼠赞》的『鼠鲇与邻，宁不垂涎』来看，『海鼠』显然就是海边生活的老鼠，『鼠鲇』引诱捕捉的就是它

2. 老鼠见到落水的同伴，会舔舐、衔住其尾。我不清楚老鼠是否有此行为，对此存疑。

3. 鼠鲇鱼游泳姿态似老鼠。老鼠游泳的姿态是狗刨，即用四爪挠水，躯体和尾巴都直直的不扭动。而鲇鱼游泳是左右摆尾的，这点不相符。

4. 登上岸后，鼠鲇鱼会“曲躬而进，越趄不前”。各种鲇鱼到岸上差不多也是扭曲挣扎，这勉强符合吧，但鳗鲇、海鲇都没有主动登岸的记录。

5. 鼠鲇鱼的尾巴酷似鼠尾，以至于能骗过真老鼠。鳗鲇的尾巴只能说酷似鳗尾，远没到和鼠尾乱真的程度。实际上，任何一种鱼的尾巴都达不到这种程度。

6. 鼠鲇鱼会在浅水处用尾巴引诱老鼠并捕食之。目前也没有任何这样的可靠记录。一些大型的淡水鲇鱼倒是会在岸边伏击水鸟，或者捕食游泳、落水的老鼠，但都是直接扑上去吃，没有诱捕的。澳大利亚默多克大学在8条伯尼新海鲇（*Neoarius berneyi*）胃中发现过三齿稃跳鼠，但注意，伯尼新海鲇是海鲇科的，即“松鱼”的一种，而且是淡水海鲇，生活在沙漠的河流里，与“鼠鲇鱼”并无关系。默多克大学的学者认为，是三齿稃跳鼠在河岸挖洞，洪涝期鼠洞进水坍塌，老鼠掉进河里，被海鲇吃掉。总之，所有可靠的“鲇鱼吃鼠”的记录，都和“鼠鲇鱼诱捕鼠”无关。

分析过后可以发现，鳗鲇，乃至目前已知的所有鱼类，都没有以尾诱鼠捕食的行为。就聂璜的采访来看，当地见多识广之人也没见过这种行为，所以《汇苑》中的记载，应该只是人们根据鼠鲇（原型可能是鳗鲇）似鼠的外形，进一步发散思维编造的故事而已。中国人创作了很多这样的故事，甚至成了一种故事套路。比如，穿山甲会在蚁窝旁装死，等蚂蚁爬满全身就突然收紧鳞片夹住蚂蚁，跑到河里张开鳞片，从容舔食浮在水上的蚂蚁；蟳虎（中华乌塘鳢）会用尾巴引诱大螃蟹来夹，再一甩尾巴使蟹钳脱落，把嘴放在蟹的伤口上吸干蟹肉。这些故事都基于一些事实（穿山甲会吃蚂蚁、中华乌塘鳢会捕食很小的蟹），但又做了夸张描述，加了戏，读起来真伪难辨。直到现代动物学出现后，我们才知道哪些是真的习性，哪些是添的油、加的醋。

五 沙毛有剪刺吗？

鳗鲇虽然不会诱捕老鼠，但有一些更厉害的本事。

2021年，我去厦门琼头码头调查海洋生物。那里有很多渔船捞上来的杂鱼，渔民把鱼笼半泡在岸边浅水里，现场叫卖。当地朋友吴润宏看到鱼笼里有条鳗鲇，先问老板：“沙毛有剪刺吗？”老板说：“有剪刺。”他才伸手进去抓鱼出

鳗鲇背鳍第一根鳍棘带有倒刺，且有剧毒

鳗鲇幼体组成的『鲇球』

来给我看。闽南管鳗鲇叫沙毛，所谓刺，就是鳗鲇背鳍的第一根鳍棘和胸鳍第一根鳍棘，不仅非常尖锐，刺破人手后还会释放出鳗鲇神经毒素和鳗鲇血液毒素，让人剧痛、痉挛，严重可致死。福建和潮汕有谚：一魟二虎三沙毛四金鼓，说的就是带毒刺鱼类的排行榜。“魟”是魟鱼，“虎”是鬼鲉，“沙毛”是鳗鲇，“金鼓”是金钱鱼。卖鳗鲇时，细心的老板会剪掉它们的毒刺。

但是幼年的鳗鲇刺短、毒少，依然有很多天敌。小鳗鲇们就会聚集成一个“大球”以壮声威，真要遇到天敌，被吃的也大概率不是自己。鳗鲇“球”颜色鲜艳，游起来纪律严明，极具韵律感，可称海底小奇观。北京海洋馆多年前曾养过一大群线纹鳗鲇，专设一个供360度观赏的鱼缸，令小学时的我瞪着眼睛，久久驻足。

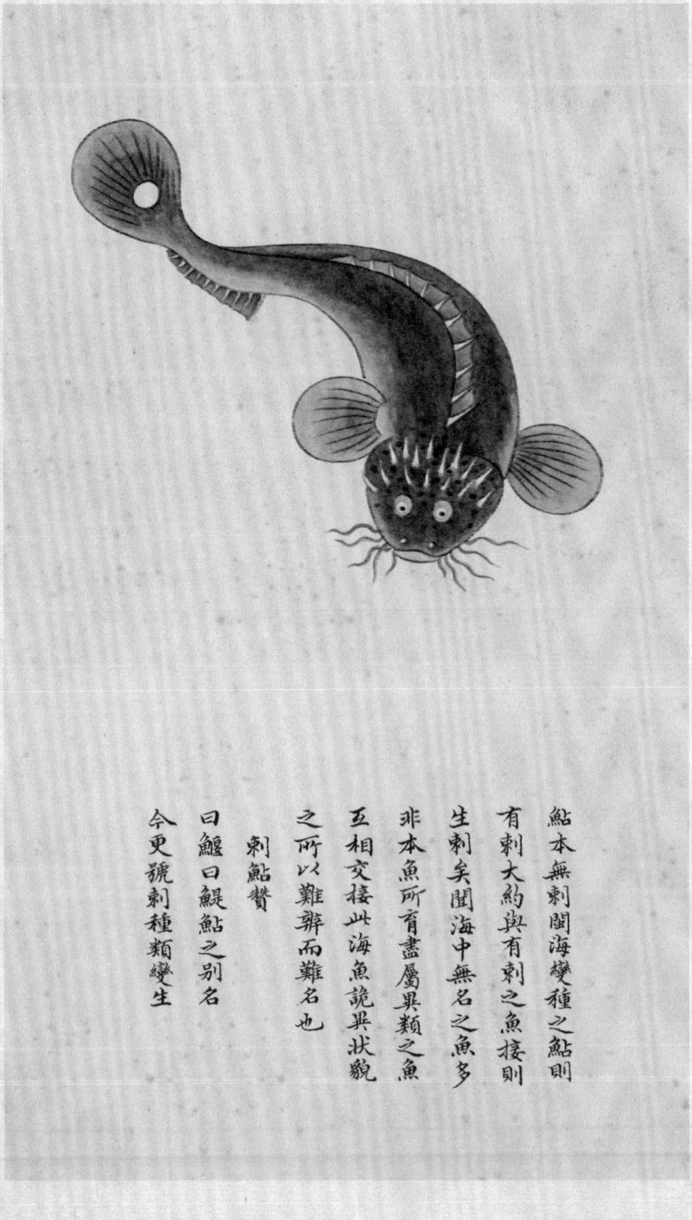

《海错图》中的『刺鲇』，满头皆刺。聂璜称其为『闽海变种之鲇』，怀疑它是鲇鱼和其他有刺的鱼交配后生出的鱼。此画怪异，与现实中任何一种鱼都不符，不知为何物

第二章 介部

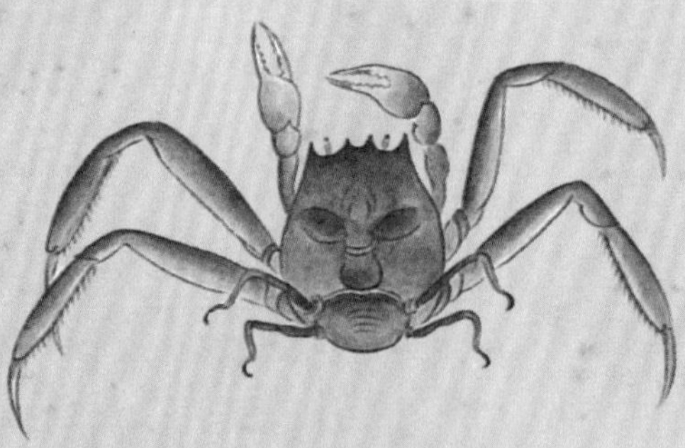

鬼面蟹贊
蟹具面龎
莫藐閻王
絕類蚩尤
浪北孟良

萬肖象者多矣一果核也而太極含形一鳥卵也而天地混象陽實也而乾道成男陰虛也而坤道成女本乎天者親上而鳥羽如木葉本乎地者親下而獸毛如野草宇內人物無不就太極陰陽五行分類以肖而蟹體尤全身其太極也蟄其兩儀也八足其八卦也八月輸芒以應氣候背十二星以應地支直以龍馬之負圖神龜之出書比美又匪獨象感掾光虎符太白鯉合六六龍合九九始為物理之精微上通元造哉若夫鬼面特幻奇容孚感寔無與義未必非蚌中羅漢螺內仙姝意有所屬形隨物寓可類觀也更以雷州之雷推之夫雷天地陰陽搏激之氣也而江赫仲謝仙爰有雷神之名亦遂有雷神之形雷神之形其首如彘而有翼但鼓動兩間神自為神與物初無與也乃雷州之地古號產雷之鄉雷當發生於土考雷郡英靈岡有物名雷多生地中如彘狀秋後伏氣土人掘得不顧忌諱常烹而食之苟非神雷鍾氣結形胚胎烏能若斯然則鬼面之蟹要必有正大剛氣欝塞兩間靈識偶爾依憑物類於焉照象異代遷流漫沿廣斥即雷以推要當如此而況傳記百家言實有蚌中羅漢螺內仙姝歷歷並傳神異者乎則鬼面之為鬼面肖像如此其真不可為無所托也舜殛鯀而鯀化黃熊黃戮蚩尤而蚩尤為蟹也亦可

【鬼面蟹】

蟹具鬼脸，好戏上演

一只身背鬼脸的小蟹，数百年来竟引得好几拨不同的人对其品头论足，至今尘埃未定，堪称奇观。

鬼面蟹產浙閩海塗小而不大有而不多其形確肖鬼面合睫而豎眉豐顴而隆準口若超頷顩如際髮前四足長而大後四足短而細他蟹之臍全隐腹下故八跪盡伏此蟹之臍小半環背故四足掀露其行也挺背壁立而腹不着地獨與他蟹異疑為螺中化生故無卵而盛於夏秋間也或稱閻王蟹或稱孟良蟹或稱蚩尤蟹皆以面貌相像之此蟹吕亢所不及詳陶穀所未嘗食古人罕議及此豈以蟹形鬼面絶無妙義存於其間故置勿道乎然甲冑之蓼紀自宋書彭越之名推於漢代又何鬼面一蟹之無關至理乎苟不研窮其故

鬼、关羽、孟良和蚩尤（一）

蟹的背壳疙里疙瘩，有些种类的疙瘩整体看上去颇像一张脸。《海错图》中的鬼面蟹，可谓登峰造极的例子。

聂璜描述鬼面蟹背壳上的花纹：“鬼面蟹产浙闽海涂……其形确肖鬼面，合睫而竖眉，丰颐而隆准，口若超颔，额如际发。”结合他的画一看，确实活脱儿一张怒发冲冠、豹头环眼的鬼脸。聂璜记录了当时人们对此蟹的各种别名：“或称关王蟹，或称孟良蟹，或称蚩尤蟹，皆以面貌相像之。”关王就是关羽，孟良和蚩尤也是凶猛粗犷的角色，都和这蟹背上的脸相符。与这张脸同样怪异的，是此蟹的足爪：“前四足长而大，后四足短而细。他蟹之脐全隐腹下，故八跪尽伏。此蟹之脐小半环背，故四足掀露。”意思是它的后四足出奇地微小，而且蟹脐有小半部分露在背上，使得那四条小足长在后背，难以着地。

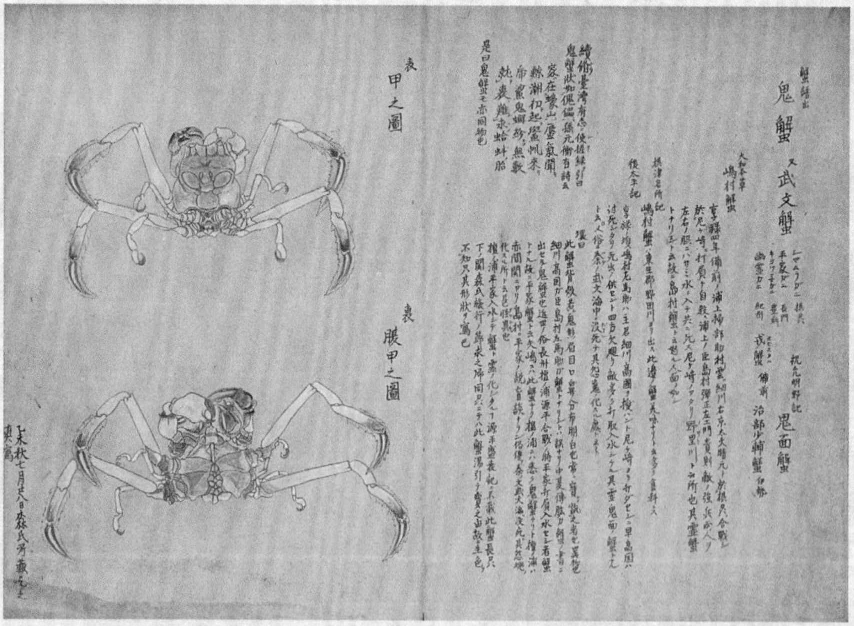

日本江户时代的《梅园介谱》中绘制了鬼面蟹的正反面，还记录了它的众多别名：鬼蟹、武文蟹、嶋村蟹、平家蟹、幽灵蟹

如此奇蟹，必然史不绝书吧？可聂璜惊讶地发现“古人罕议及此”。他在鬼面蟹的画像旁愤愤不平地絮叨：难道大家觉得蟹上长出鬼脸毫无意义，所以都不讨论吗？可是谁敢说鬼面的螃蟹无关至理呢？如果不研究清楚原因，人们看到此蟹必定会疑惑，所以我要为它写一篇《鬼面蟹辨》！

如何不科学地格物（二）

聂璜这种探究精神非常可敬，可惜，他没有科学的探究方法。今天的科学家如果面对这个问题，会解剖鬼面蟹，看看鬼面纹在结构上有何用途；再观察活的鬼面蟹，看看鬼面纹在蟹的生活中起到了什么作用：那四条极小的腿是干什么的？鬼面纹是否与这些腿的用途有关？鬼面蟹在遇到天敌时，是否会特意展示鬼面来吓唬天敌？天敌又是否会被吓到而放弃捕食？另外，还要看看跟鬼面蟹亲缘关系近的螃蟹背上的纹路又是什么样的，是怎样的演化路径。做完这一系列研究，才能推测鬼面蟹长出鬼面的原因。而聂璜决心对鬼面蟹的成因“研穷其故”，他是怎么做的呢？坐在屋里干想。

在《鬼面蟹辨》中，他首先发问：鬼面蟹为何生有鬼面？然后自问自答：“这没什么奇怪的。天下万物，都是根据太极、阴阳、五行的分类来模拟不同的形象。天上飞的动物就会长得像高处的物体，所以鸟的羽毛像树叶；地上跑的动物像低处的物体，所以野兽的毛发像野草。这种现象在螃蟹身上体现得尤为明显。螃蟹的身体像太极图，双钳代表两仪，八条腿代表八卦，背部有十二颗星斑，呼应十二地支。长着鬼面的蟹，肯定蕴含着更神妙的奥义！更何况传记百家的书中，有蚌中发现罗汉像、螺中出现仙女的记载，或许鬼面蟹也类似，是某种意象寄托在物体上的显现。”

看到这儿，我哑然失笑。很多人都喜欢像聂璜这样故弄玄虚，说某物的外形隐藏着宇宙密码。方法也很简单，只要这东西是圆的就暗示太极图，沾数字“二”就代表两仪，沾“三”就是三才，沾“四”就是四季，沾“五”就是五行，沾“十二”就是十二个月，沾“二十四”就是二十四节气……其实只要稍微一追问，他们就没词儿了：大闸蟹盖是圆的就是太极图，那溪蟹盖是梯形的代表什么？螃蟹八条腿就是八卦，那昆虫六条腿，岂不是少两卦，不合天道了？传统相声《阴阳五行》（注：旧名《五红图》）就讽刺了这种思路。逗哏扮演一个大学问，声称世上每一个物体都能找出阴阳金木水火土。如苹果红的一面为阳，青的一面为阴；摘苹果要用剪子剪下来，剪子是金属，所以苹果有金；苹果长在树上，所以苹果有木；一咬出水，所以苹果有水……但在捧哏的追问下，逐渐无法自圆其说，越说越牵强。比如吃苹果可以败火，所以苹果有火；山楂可以做成糖葫芦，做的时候需要用锅熬糖，锅字是金字边，所以山楂有金……这段相声我特别喜欢，它的矛头直指对传统文化的庸俗化滥用，不但讽刺了某些古人，还讽刺了今人——很多所谓的“国学大师”和景区导游至今还在这样侃侃而谈。

当然，在聂璜那会儿，世界上还没有相声，他不会被讽刺。他继续写道：“我再用雷州（注：今广东雷州半岛）的雷来推演证明吧。雷州自古多雷电，号称‘产雷之乡’。雷是天地阴阳交汇激发产生的气，但雷州的雷是有具体样貌的。它生在土里，如同猪形。当地人会在秋后把它挖出来，煮熟吃掉。如果不是雷凝结灵气，结成胚胎，怎么能发生这种事儿呢？所以，一定是天地间的正大刚强之灵气，偶然依托在蟹体内，显现出鬼脸的物象，一代代繁衍扩散开来。”

轰隆隆的炸雷，怎么会凝聚成小猪的形状藏在土里，还

发情期的雄性变色树蜥，被两广地区的人称为『红头雷公马』

被雷州人挖出来吃掉？太离谱了吧！这不是聂璜亲眼所见，而是他从别的书里看来的。《唐国史补》载："雷州春夏多雷，无日无之。雷公秋冬则伏地中，人取而食之，其状类彘（注：猪）。"原来，广东雷州半岛三面环绕着高温高湿的南海，水汽充沛，地形复杂，极易产生雷暴。据当地气象台记录，夏天平均每月有15天雷暴，最多时几乎天天打雷。所以雷州建了很多雷公庙，发展出独特的雷神祭典，还产生很多雷的传说，雷州人挖猪形雷公吃，就是其中之一。

不过，这个传说太过离谱，古人多有纠正。聂璜经常参考的《广东新语》里就说："雷公马，产雷州，可吃。故北人谓雷州人吃雷公云。""雷公马"这个名字，至今两广、海南还在用，指的是华南常见的一种蜥蜴——变色树蜥。它颈部有鬣刺如马鬃，咬人后不撒嘴，传说要打雷才撒嘴，故名雷公马，当地人会吃它。《广东新语》的作者认为，雷州人爱吃雷公马，传到北方就成了雷州人吃雷公了。

雷州还有一种在海滩上穴居的蜥蜴——蜡皮蜥，俗称坡马、沙蝉、沙鳅，但古人也常称其为雷公马，也会吃它。清

蜡皮蜥是华南海滩标志性的爬行动物，但因长时间被捕捉食用，种群数量锐减

代陈昌齐的《海康县志》载："沙蝉，一名沙鳅，状似蜥蜴，腹白，背青绿，两胁正赤，穴居（注：这都是蜡皮蜥的特征）。其出视雷之所发，其蛰视雷之所收，故又名雷公马，肉可吃。《广舆记》载'雷州有雷公子，其形如彘。土人取其吃'即此。但云'如彘'，则传闻之误。"陈昌齐认为，蜡皮蜥在雨季雷暴到来之时出洞活动，雨季结束后入洞蛰伏，故名雷公马。雷州人吃它，引发了"吃雷公子"的传闻。但说它形似猪，则是误传。

所以，雷州人吃雷，是彻头彻尾的讹传，聂璜却拿它当真事，来论证鬼面蟹的由来，怎能不得出错误结论呢？中国知识分子自古有"格物致知"的传统，即研究事物来获得知识。听上去很像搞科研，我的单位所在地——中国科学院天地科学园区里，也有一块刻着"格物致知"的巨石。但古人的格物，跟今天的科研完全不是一回事。明代大儒王阳明试图实践格物致知，对着院中的竹子"格"了七天七夜，依然

“深思其理不得”，还大病了一场。王阳明格竹的方式，也是坐那儿干想，和聂璜格鬼面蟹何其一致！没有科学的思维模式，再有一腔热血，也无法获得正确的知识。

语文课文里的『真相』

㊂

我小时候，语文课本里有一篇课文《日本平家蟹》，似乎揭示了鬼面蟹长鬼面的真相。这篇文章是美国著名科普作家卡尔·萨根写的。所谓日本平家蟹（注：因分类地位变动，今已改名为日本拟平家蟹），就是聂璜画的鬼面蟹的一种。卡尔·萨根写道，日本平家和源家两大武士集团在1185年打了一场海战，平家溃败，大量武士淹死。传说死去的平家武士化为了蟹，后背长有武士面孔。日本渔民捉到这种蟹就把它们放回海里，以纪念这场海战。卡尔·萨根认为：“如果你是一只蟹，你的壳是普普通通的，人类就会把你吃掉，你这一血统的后代就会减少；如果你的壳跟人类的面孔稍微相像，他们就会把你扔回海里，你的后代就会增多……随着世代的推移，那些模样最像武士脸型的蟹就得天独厚地生存下来。”

浮世绘画家歌川国芳的这幅画里，战败的平家大将平知盛随巨大的船锚沉入海底，成为怨灵。他的士兵纷纷化成了平家蟹

卡尔·萨根的结论是，日本渔民的人工选择让日本平家蟹变出了人脸。他以此证明人工选择力量之强大，足可以迅速改变物种的形态。同时又进一步证明进化论的正确："如果人工选择在这么短的时期内能够引起这么大的变化，那么，自然选择在几十亿年里能够引起什么样的变化呢？绚丽多彩的生物界就是答案。进化是事实，而不是理论。"

我小时候在课堂上读到这篇课文时，感到非常神奇。但随着我长大，获得的知识越来越多，越来越觉察到此文不靠谱。进化论、人工选择都有大量的事实来证明，唯独日本平家蟹的人脸不能当作论据，它肯定不是人工选择产生的。

卡尔·萨根是我敬重的科普作家，但他的专业是天文学，不是研究螃蟹的。他关于日本平家蟹的观点，是由英国进化生物学家朱利安·赫胥黎在1952年提出的。但是，赫胥黎也不是研究螃蟹的。跨行发表言论，使他们二位忽视了三点事实：

1. 日本平家蟹所在的科，叫关公蟹科。聂璜画的"鬼面蟹"也是关公蟹科的。这个科的螃蟹有22种，它们广泛分布在日本、中国、韩国、越南、印度、其他东南亚国家、澳大利亚、红海甚至东非，几乎涵盖半个地球。好几种关公蟹在日本都没有分布，但也长着鬼脸，它们不可能是古代日本渔民筛选出来的。

2. 现在已经发现了关公蟹科的化石，如四齿关公蟹（*Dorippe quadridens*），其人面纹与今天的几无二致，说明早在源平合战（1180—1185年）之前，甚至很可能在日本有人之前，关公蟹就已经有人面纹了。

中国海中较为常见的一种关公蟹：伪装仿关公蟹

3. 日本渔民之所以捞到平家蟹会扔回海里，纪念海战只是次要原因，主要原因是，关公蟹科的所有种类都长得又小又薄，没肉没黄，无食用价值。中国人、韩国人、东南亚人捞到关公蟹，也会扔回海里。所以，“如果你是普通壳的蟹，人类就会把你吃掉；如果你的壳像人脸，人类就会把你扔回海里”只是卡尔·萨根一厢情愿的想象，现实中就算真有一只关公蟹恰巧长得不像人脸，又被日本人捞到了，还是会被扔回海里，因为它根本没啥吃头。既然长不长人脸都要扔，那就不存在人工选择了。

以上几点，不光是我这样认为，美国甲壳动物学家乔尔·W. 马丁和日本横滨大学甲壳动物学家酒井恒在不同的著作中也提出过。卡尔·萨根看似比聂璜更科学地解释了鬼面蟹的成因，但依然是研究不深造成了错误。不知道现在《日本平家蟹》还在不在语文课本里，若还在，应该把它拿出来了。

有根据的推测

四

那么，我们就真的不知道关公蟹长鬼脸的原因了吗？目前还不能。我在前文说了，要有科学家针对这个问题做过解剖学、行为学、进化生物学等一系列研究，才能得出答案。但是现在没有科学家研究。因为科学家还有很多更重要的问题要研究，蟹壳为什么形似人脸这种问题，对生产生活、科学进步、科学家个人前途都没什么作用，所以没人愿意研究。

此外，在蟹类学家看来，这鬼脸实在没什么可奇怪的，因为他们见的蟹太多了。关公蟹的背壳花纹，其实和其他螃蟹的很相似。所有螃蟹的壳都有一些高低不平的隆块，位置和内脏对应。蟹类学家据此把蟹壳分成额区、眼区、胃区、

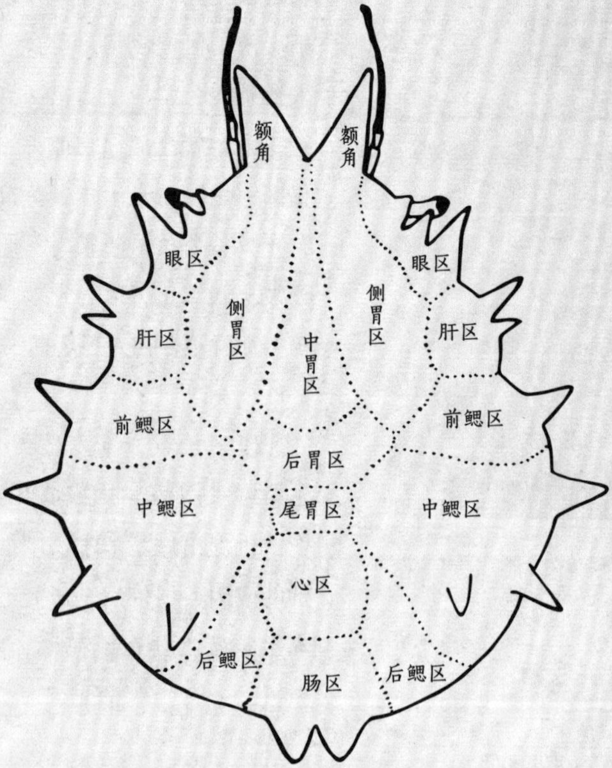

蟹壳分区图（以蜘蛛蟹为例）。看图可知，关公蟹的鬼面纹并没有逃出这些基本的纹路

在厦门水族商吴润宏的工作室，我拍摄到关公蟹用特化的小腿背着伸展蟹海葵的画面。海葵有毒的触手可以有效防止鱼类 章鱼对关公蟹的捕食

正常情况下，关公蟹的『鬼脸』会被背负物完全挡住。所以鬼脸不会是吓唬天敌用的

心区、肠区、肝区和鳃区等区域。对照这几个区域的模式图你会发现，关公蟹鬼脸的“眼睛”就是前鳃区，“脸蛋”就是中后鳃区，“鼻子”就是心区和肠区，眉心的那道褶皱叫颈沟，是头部和胸部愈合后残留的分界线。很多螃蟹都有这些结构，只不过关公蟹更明显罢了。所以，问蟹类学家“为什么关公蟹后背像鬼脸”，就像问气象学家“为什么那块云朵像绵羊”，问地质学家“为什么那座山的轮廓像佛像”，只能得到这样的回答：“不为什么，它就是恰好像了嘛！”

但是，作为科普工作者，我愿意多花些精力让读者尽量满意。很多读者会追问：“关公蟹的那几道凹凸，很多蟹也有，这我知道了。但为什么关公蟹的凹凸如此明显呢？”目前没有官方答案，但我们可以给出一些有根据的猜测。我的朋友张旭对蟹类颇有研究。他说关公蟹是喜欢趴在海底活动的，还经常卧入沙中。为了贴合海底，它的身体非常扁平。但内脏不能随着身体扁平而随意减小，尤其是鳃，需要一定体积才能保证呼吸。所以关公蟹的鳃区格外隆起，用来容纳鳃，也就形成了圆瞪的“鬼眼睛”和鼓胀的“腮帮子”。这个猜想我认为是有可能的，但还需解剖证明。

另外，关公蟹有一个特殊习性：背一个东西盖住后背保护自己。它的最后四条腿不是特别小，还翻在背上吗？就是为了背东西而特化的。张旭据此又有一个猜测：鬼面纹有没有可能是为了增大摩擦力，让背上的东西不致脱落？这一点我倒不太认可。我在厦门见过很多活体关公蟹，它们喜欢用四条小腿背着一种特殊的海葵——伸展蟹海葵。这种海葵已经和关公蟹形成了一定的共生关系，能分泌几丁质膜，吸附在关公蟹背上。若遇到章鱼之类的天敌，关公蟹还会用四条小腿举起海葵，把它有毒的触手按在天敌身上，主动蜇走天敌。如果说鬼面纹是为了利于伸展蟹海葵的附着，还有些

关公蟹也经常会背贝壳。遇到敌人时，它会用小腿控制贝壳，用贝壳前缘磕击敌人

掀开背负的贝壳，能看到关公蟹的四条小腿是如何抓住贝壳边缘的

四齿关公蟹的画风比较非主流，它喜欢背着海胆

可能。但关公蟹除了海葵，还会背很多杂物，比如贝壳、树叶、海胆，它们和蟹背无法紧密贴合，主要是靠蟹的四条小腿抓着，鬼面纹也就起不到增大摩擦力的作用了。对了，鬼面纹也可能不是为了恐吓天敌，因为纹路平时都被背负物挡住了，天敌根本看不见。

还有一些潜在的原因，如蟹壳上的沟壑会在体内造成凸起，是体内组织的附着处（注：颈沟就是胃后肌一端的着生处）；隆起和凹陷可以加强蟹壳的受力强度，使其不易破碎……可能是方方面面的原因汇聚起来，使得关公蟹的后背纹路凑巧就像鬼面了。真正的答案，在我有生之年可能都无法知晓。区区一小蟹，把雷电、武士、画家、文人、学者、科普人全都牵扯进来，传说、争论、观察、思考，纷纷扰扰数百年未休，真是一出好戏！

沙蟹浙東之稱也閩中謂之匾蟹其形匾也四季繁生之人醃藏而食其形橫脊其色青黄不等其目長而細其螯白而曲其行趦趄而不疾蟹中有名倚望者東西顧睨行不四五步以足起望入穴乃止今玩其足目淂無是歟吾欲華沙蟹之名而以倚望當之何如

沙蟹賛

也土也水曷獨稱沙
種類必繁運恒河車

【沙蟹、拜天蟹、沙虮、和尚蟹、虾蟆蟹、长脚蟹、海鲟鱼】

种类必繁，曷独称沙

沙滩上的小螃蟹，是海滨最容易见到的动物。细细分析起来，种类还真不少。

沙蟣小蟹也產福寧之三沙海塗上以沙為穴其色灰其體薄不堪食捉置掌中每為海風一吹而去

吳日和曰此蟹善走亦曰沙馬沙上数穴相通疾行如飛人不能捕即得亦不可食有欲取以為魚餌者常于黑夜以火炤之用木圈圍之捕住鉤於魚鉤作餌入水尚能動以餌海濱鱠魚盖鱠性不入大海不入泥塗惟于海岩石傍食石乳等物漁人每於此處垂綸有此蟹無不獲者

沙蟣贊 一名沙馬

蟻號位駒　蟹名沙馬
乘之者誰　黍民為雅

用沙蟹骂人

一

中国文化的主体是农业文明，海洋文化一直处于边缘。但我觉得这未必不是一件好事，当你得知小众文化里的有趣细节时，获得的惊喜会格外地强烈，感到自己掀开了一个特定人群俱乐部的门帘，看到了里面射出的光。

中国的海洋文化里，我最感兴趣的就是沿海居民方言里的海洋元素。比如浙江台州的一些老人有个感叹词——“蟹血”，含义类似于东北话的“啥也不是”，因为蟹的血很少，几乎是无色透明的，对人毫无用处，所以用来形容毫无价值的事。“蟹吼”则指不重要的细小声音，或指人微言轻。你想想那画面多有意思！小螃蟹在沙滩上挥着钳子怒吼，结果被路人一脚踩瘪了，跟动画片似的。

一些老台州人还特别喜欢拿沙蟹当语言素材，而且有趣的是，都是贬义。沙蟹泛指在沙滩上跑来跑去、打洞的小螃蟹。它们个小无肉，夹人都不疼，却摆出一副挺胸叠肚、威风八面的样子。这样的反差太适合拿来损人了。所以内陆人说“死鸭子嘴硬”，台州人就换成“沙蟹钳硬”；内陆人说“井底之蛙”，台州人就换成“洞底沙蟹”……

那么，沙蟹到底是哪种螃蟹呢？

万岁大眼蟹雄性的『万岁』手势

以足起望，山呼万岁

㈡

《海错图》中有一幅“沙蟹”图，是一种眼柄很长、身体很宽的螃蟹。聂璜说，在自己的家乡浙东，人们管这种螃蟹叫“沙蟹”，而福建人叫它“匾蟹”，因为其长方形的蟹壳特别像祠堂里挂的大匾。这种蟹在海滩上四季繁生，时人会将其腌藏而食。“其形横脊，其色青黄不等，其目长而细，其螯白而曲”，从这几句描述可以确定它是大眼蟹属的。画中两只螃蟹左雌右雄，细看右边那只雄蟹钳子的形状，可以把范围再缩小到最相似的两个种——万岁大眼蟹和日本大眼蟹。这两种蟹外形差距极小，科学家也曾以为它俩都是日本大眼蟹，后来发现，它们在滩涂上会有一种行为：雄蟹动不动就挥舞大螯，向同性示威，和异性打招呼。但是这个挥舞大螯的动作有两种风格，有的个体像中国人拱手礼那样两螯相对，举过额头就放下；有的个体则高高举起再展开，像日本人喊“天皇万岁”时的手势。再细研究，原来这两种风格的大眼蟹在形态上也有细微区别，已经分化成了两个种。做这个研究的学者是日本人和田，他把像“天皇万岁”手势的那种命名为*Macrophthalmus banzai*。*Macrophthalmus*是大眼蟹属，banzai是日语“万岁”，所以中国学者将其翻译为万岁大眼蟹。聂璜所画的，大概率是万岁大眼蟹，因为日本大眼蟹主要分布在黄渤海，万岁大眼蟹主占东海和南海，聂璜就住在东海边上。

在今天的分类学中，大眼蟹属于沙蟹总科，所以说它是沙蟹也勉强可以，但不是最理想的。因为大眼蟹类主要生活在黑色的泥质滩涂，并不是真正的沙滩。聂璜也觉得此名给它不够贴切。他听说蟹中有一种名曰“倚望”的，行走时会“东西顾睨，行不四五步，以足起望，入穴乃止”，而他摆弄活的大眼蟹，“玩其足目”的时候，发现它走路也是“趑趄而不疾”，立着长长的眼柄到处观察。聂璜因此激起了给它改名的欲望，写道：“吾欲革沙蟹之名，而以‘倚望’当之，何如？”

微物若此，可为奇矣 三

说到螃蟹打手势，《海错图》里还有一幅画，专门画这种现象：几只迷你小蟹面向地平线上的太阳，举起双螯作膜拜状。聂璜说这种蟹叫“拜天蟹”，长不大，繁生于宁波、台州、温州的沙涂，“日以为螯作拱揖状，土人名之为拜天蟹。然日出则拜向东，日午则拜向中，日晡则拜向西”。此蟹竟懂得膜拜太阳，难道它们已经发展出了宗教信仰？聂璜感叹：“微物若此，可为奇矣！”所以当他看到老百姓把此蟹和其他杂蟹捣碎做成蟹酱时，写下了两个字：“惜哉！”聂璜对海错的吃法从来是津津乐道，有时都能看出是一边写一边咽口水的，可唯独对拜天蟹被吃感到惋惜，可见这种蟹的行为给他带来的震撼。

正在展示自己的角眼切腹蟹

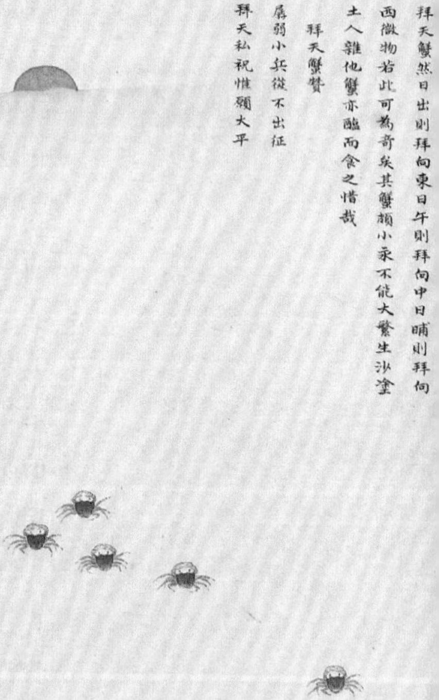

《海错图》中的『拜天蟹』

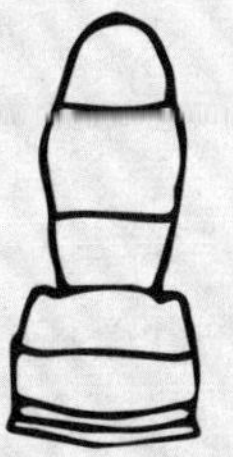

雄性角眼切腹蟹腹部的第五节基部突然收缩，如同被切掉了两块，切腹蟹由此得名

这种蟹今天在南方的滩涂上还有很多，确实小，仅有黄豆大，每个复眼上各有一根小角，有台湾人叫它“角眼拜佛蟹”，拜佛指的就是它挥螯的动作。但大陆学界叫它“角眼切腹蟹”，我开始以为指的是它挥螯的样子像日本武士切腹自杀，还纳闷儿呢，大陆学者怎么给它起了个这么日本范儿的名字？而且我看过此蟹活体的表演，动作实在不像切腹啊！后来才知道，“切腹”指的是雄性角眼切腹蟹腹部第五节突然收窄，像被切掉了一部分。

角眼切腹蟹的挥螯行为和万岁大眼蟹一样，都是求偶、示威用的，并不是拜天。聂璜所说的太阳在哪儿它们就冲哪儿拜，是民间的讹传。亲自去滩涂看过你就会知道，它们冲哪儿拜的都有。之所以有拜日的传言，我不负责任地猜啊，可能是因为蟹的身体是横宽的，恰好面向太阳拜时，被照亮的面积最大，在滩涂上最显眼，海边人就自动忽略了朝其他方向拜的个体了。

此蟹善走，亦曰沙马

四

去过南方海边的人大概都见过这样一类螃蟹：它们生活在纯净无泥的、可以用来支阳伞度假的真正的沙滩上，掘洞而居；平时出来缓缓漫步，人一接近，就像一阵风似的极速逃离。这类螃蟹属于沙蟹科沙蟹属，常见的种类有角眼沙蟹、中华沙蟹等。这个属里的成员，既是科学家认证的“最正宗”的沙蟹，也是东南沿海最常见的沙蟹。我在微博上放了几种蟹的照片，让台州网友选哪一种是他们口中的沙蟹，选得最多的也是沙蟹属的照片。（可惜的是，我的关注者都是年轻的台州人，已经没有任何一位听说过我文章开头说的那些老台州俚语了。）

《海错图》中有一幅画，画的就是沙蟹属的螃蟹：“沙虮，小蟹也。产福宁之三沙海涂上，以沙为穴。其色灰，其体薄，不堪食，捉置掌中，每为海风一吹而去。”抓过沙蟹的我，最能体会“每为海风一吹而去”这句话。把沙蟹抓在手里，它挣扎一番后常会进入“石化”状态，也不是装死，就是站在手上一动不动，如同被催眠一般。这时如果一阵风吹来，就会让它惊醒，瞬间从手上跳下，绝尘而去。

聂璜的下一句话更是坐实了沙虮就是沙蟹：“此蟹善走，亦曰沙马，沙上数穴相通，疾行如飞，人不能捕。”今天许多人依然把沙蟹属成员称为“沙马”。不信，去看看网上那些赶海博主的视频就知道了。他们的保留节目就是把一管辣根或牙膏挤进沙滩上的沙蟹洞，喊着：“朋友们，又到海边抓沙马蟹了，今天给它们来点儿刺激的，嘿嘿嘿，喜欢赶海的朋友点个双击，加个关注，看我赶海直播！”然后挖出一个早就准备好的、半死不活的中华沙蟹。写《海错图笔

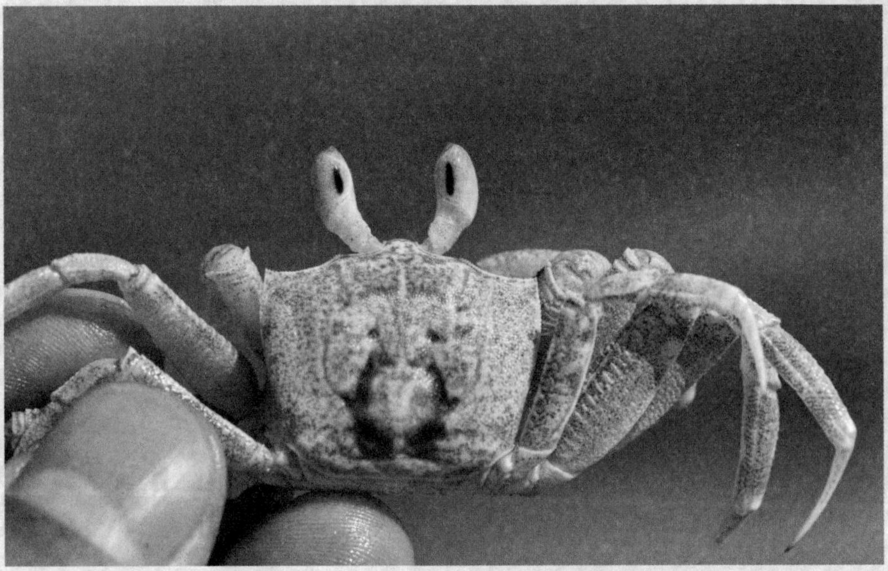

我在西沙永兴岛抓到的角眼沙蟹亚成体，它在沙滩上快步如飞，要抓到真不容易

《海错图》中的『和尚蟹』，并不是今大分类学上的和尚蟹，而是某种玉蟹。圆鼓鼓的身体和突出的头胸甲前缘是其特点。玉蟹和拳蟹两个家族的亲缘极近，形状也相似，都有『千人捏』的俗名，意为其甲壳坚硬，怎么也捏不碎

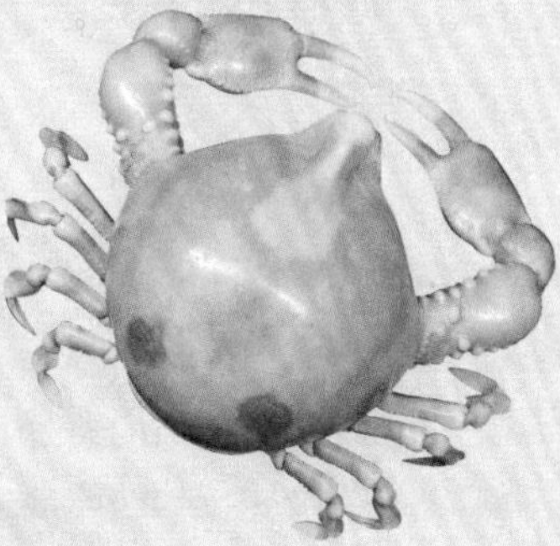

弓背易玉蟹

记》之初，我特意关注了一批赶海博主，想看看他们能讲出什么当地的海洋文化知识。结果发现他们大部分都是从菜市场买来海鲜，自埋自挖，把人骗到直播间赚打赏的。而且凡是这样的主播，往往都喜欢在视频里憨厚地“嘿嘿嘿”笑。于是我自己也做了个视频，揭露其摆拍套路，还特意提醒观众：“凡是这么乐的赶海博主都别信！”

康熙年间的人不吃沙蟹，嫌它小。但聂璜记载了它的一个用途：当鱼饵。时人捕捉沙蟹显然不是用牙膏，而是利用了沙蟹的趋光性：“有欲取以为鱼饵者，常于黑夜以火照之，用木圈围之，捕住，钩于鱼钩作饵，入水尚能动，以饵海边鲙鱼。盖鲙性不入大海，不入泥涂，惟于海岩石傍食石乳（注：海葵）等物。渔人每于此处垂纶，有此蟹，无不获者。”“鲙”字可指鳓鱼，也可指石斑鱼。但原文中的

蝦蟇蟹賛

但走不跳亦坐不呌

混入池塘公私難較

豆形突拳蟹

《海错图》里的『虾蟆蟹』：『八足常敛而促，两螯常竖而耸，其背昂然俨若一虾蟆也。』从体形和眼两侧的两个凹槽来看，这明显是突拳蟹属的（以前属于拳蟹属，现已拆分）。『其行越趄，亦若蛙步』，说的是这类蟹走路与其他蟹不同，是直着走的，但走得比较吃力

“鲙”活动在海边礁石区，指的应该是石斑鱼。今天的矶钓爱好者，不妨一试。

聂璜对沙蟹的介绍，用的是最简单的毛笔白纸，寥寥数语，但讲了沙蟹的习性、产地、形态、趋光的特点、利用的方法，干货十足。现代人却把大工业生产的牙膏挤进沙蟹洞里，用智能手机拍下，传到5G网络上，成为一条条信息垃圾。

难怪古人敬惜字纸，因为他们留下信息时，比很多现代人要慎重。

《海错图》里的『海鲟鱼』，画的就是某种石斑鱼

长足长方蟹

《海错图》中的『长脚蟹』：『浙闽海涂皆产，牧人摘之掌上玩视，能伪作死状，弃之于地，则疾行而去。』乍一看很像沙蟹属，但其头胸甲更加宽扁，边缘的齿也绘制得相当写实，可以判断这是弓蟹科长方蟹属的。而且长方蟹被人抓住后，确实会伸直步足装死。聂璜所绘最有可能是长足长方蟹（*Metaplax longipes*），因为今天在浙闽分布的长方蟹基本都是这种

聞啼鳥夜來風雨聲花落知多少誚之者曰此瞽目詩也今見紅蟹之作八句皆從想像不又成眇目之詩乎予苦近視老傖故訊之

紅蟹贊

有蟹觸目不黃不綠
含膏外泛未煮先熟

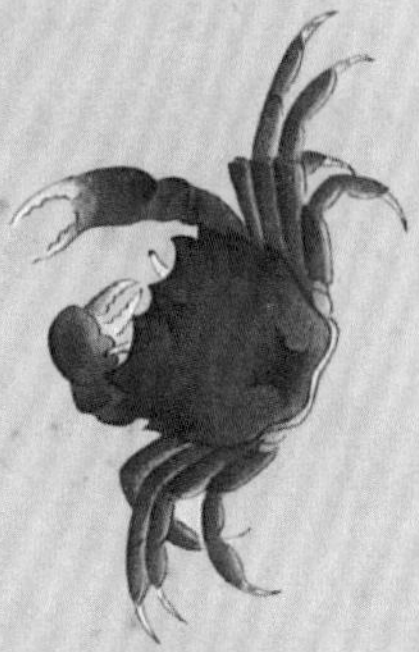

類書云蟛蜞一名蟛蝑又名蟛蝑浙東呼為青蜞凡近海之鄉皆有吾鄉錢塘海塗冬春尤繁販夫醃浸呼鬻于市漢書稱漢王醢彭越賜九江王布食俄覺而哇于江變為小蟹遂名蟛蜞誠然乎但謝豹化虫杜宇化鳥牛哀化虎鯀化黃熊又安知彭越之不化為蟹也

蟛蜞贊

彭越幻蟹雄心未罷
意托橫行千變萬化

【红蟹、蟛蜮、蒙蟹、蟛蜞、台乡蟛蜞、芦禽、拥剑蟹、金钱蟹、交蟹】

彭越幻蟹，千变万化

中国广阔的海滨滩涂上，是各色螃蟹的乐园。从《海错图》中，可以瞥见其丰富的多样性。

廣南瓊崖海中有蟹殷紅色巨者可為酒觴頗不易
得此一種紅蟹也越中有蟹名石蜠足殻皆赤狀如
鴛卵此又一種紅蟹也兩者皆非吾譜中所謂紅蟹
譜中所圖其形似蟛蜮四五月繁生山澗及江湖邊
或大澤蒲葦中常愛玩而為茲蛢作咏

嚼火星〻澤畔燒夜行無燭亦通宵山谿誤認桃花
落御苑驚看紅葉飄豈是鮫人揮血淚還疑龍女剪

被嘲笑的近视眼

一

爝火星星泽畔烧，
夜行无烛亦通宵。
山溪误认桃花落，
御苑惊看红叶飘。
岂是鲛人挥血泪，
还疑龙女剪朱绡。
石崇击碎珊瑚树，
遍撒江湖泛海潮。

这首诗写的是什么？如果聂璜不说，没人猜得出来：一种小红螃蟹。此蟹通体火红，四五月间繁生于海边的山涧、江湖边、滩涂芦苇中。聂璜常抓来玩，并写了这首诗。聂璜对此诗颇为满意，赞蟹不露蟹，通篇无一“蟹”字，而用桃花落英、红叶满地、鲛人血泪、红珊瑚碎块来比喻满地的红蟹，比较高明。他把此诗寄给友人，等着被夸。结果友人回信：“当年孟浩然作诗‘春眠不觉晓，处处闻啼鸟。夜来风雨声，花落知多少’，有人讽刺说这是瞎子写的诗（诗中都是听觉，没有视觉）。今见红蟹之作八句，没一句螃蟹的实景，全来自你的想象，不又成瞎子之诗了吗？”

这点评有点儿太毒舌了吧？不过聂璜知道友人为何这么说。他苦笑道：“予苦近视，老伧故讥之。”原来聂璜是个近视眼，朋友这是借机损他呢。他也不示弱，管人家叫“老伧”。老伧就是粗人，旧时浙闽沿海之地，无赖之间互称为老伧。这样就说得通了，老朋友之间，不就是越损越近乎，越近乎越损嘛。

中华东相手蟹野生数量多，被大量捕捉供应给全国的花鸟市场

花鸟市场常见蟹 ㊁

有的学者认为《海错图》里的“红蟹”是中型东相手蟹（*Orisarma intermedium*，旧名中型仿相手蟹、中型中相手蟹），因为它全身通红，和图像相符。但中型东相手蟹只分布在中国香港、中国台湾和琉球群岛，还有日本，不是大陆一侧的种类。我认为，“红蟹”应该是中型东相手蟹的“近亲”：中华东相手蟹（*Orisarma sinense*）。它没有中型东相手蟹那么通红，但也是个标准的红螃蟹了。最重要的是，中华东相手蟹是在大陆一侧分布的，而且是优势种，从山东到广东都有。全国花鸟市场上热销的那种矿泉水瓶盖大小的红螃蟹，基本都是它。这种蟹适应性很强，从海边红树林滩涂一直分布到离海有一定距离的河岸、沼泽，一眼望过去经常是十几只在泥巴上溜达。能被长居浙江和福建的聂璜经常玩赏，并被他形容为满地桃花、满地红叶的，必然是大陆沿海数量很多的种类，所以中华东相手蟹才应是“红蟹”的真身。

彭越变朋友 二

聂璜说红蟹“形似蟛蜞（音péng yuè）”，蟛蜞是什么，他也画了出来。也是小螃蟹，灰灰的身，螯却是白色的，腿上的毛少而细。这画的是厚蟹家族。除了长得像，还有一些证据能证明蟛蜞是厚蟹：聂璜说蟛蜞“凡近海之乡皆有，吾乡钱塘海涂冬春尤繁”，厚蟹也遍布中国沿海的草滩，只要去到那些长满芦苇、三棱藨（音biāo）草、互花米草的滩涂，找不到厚蟹几乎是不可能的。聂璜说当时的商贩会把蟛蜞腌浸，叫卖于市。至今江浙多地也会把厚蟹（主要是天津厚蟹，学名*Helice tientsinensis*）用盐、酱油和黄酒生腌，早上腌了，晚上就能吃。别看它小，蟹黄照样香甜，而且是生的，口感比煮熟的更细腻。也有捣碎了用盐腌成蟹酱的，就着粥或饭吃，是极有效的“压饭榔头”。最后这个证据比较逗：长江下游不少地区把厚蟹类称为“朋友蟹”，这个名字莫名其妙的，我看网上还有人猜，是不是来了朋友就

隆背张口蟹（*Chasmagnathus convexus*）

《海错图》里的『蒙蟹』，聂璜记载：『产福宁南路海涂，背黑绿，周围有金线一条，蚶（钳）足有金线相间。六月上潮到田间食稻花，八月则尽入海无存矣。』这可能是张口蟹属的隆背张口蟹

天津厚蟹是最常被生腌食用的蟛蜞，俗称『朋友蟹』『白玉蟹』『旁元蟹』

会端出这种蟹招待。其实看一下厚蟹的其他俗名——“白玉蟹”“旁元蟹”——就知道，它们和朋友蟹一样，都是“蟛蜞”一词的方言音转。

那“蟛蜞”这个名字又从何而来呢？聂璜讲了个文人笔记中广为流传的故事：“汉王醢（音hǎi）彭越，赐九江王布食，俄觉而哇于江，变为小蟹，遂名蟛蜞。”意思是，刘邦听信谗言，认为开国名将彭越意图谋反，将其剁成肉酱，遍赐诸侯；另一位开国功臣九江王英布不知情，吃了肉酱，过一会儿发觉了，吓得哇的一声吐在江里；吐出来的肉酱化为小蟹，从此这些蟹就叫蟛蜞了。

这一看就是先有蟛蜞这个名字，后人再编个故事附会的。其实这种名字的考证，不必个个都有结果。有些生物的名字是没有由来的，是语言发展中自然形成的。它总得有个称呼吧。蟛蜞又名“蟛蜎（音huá）”“蟛蝑（音xū）”，中国先民就是用这类发音称呼这些小蟹的。至于用什么字给它们记音，并不重要。

四 不读《尔雅》，误食蟛蜞

还有个类似的名字，叫蟛蜞。其实在很多沿海居民口中，“蟛蜞”“蟛蜞”“蟛蜎”“蟛蝑”都是一回事，混着叫的。像前文说的“醉腌天津厚蟹”，虽然腌的是蟛蜞，但同时也被称为“醉蟛蜞”。不过在《海错图》里，蟛蜞和蟛蜞还是分得挺清楚的，指不同物种。蟛蜞的画像比蟛蜞的两眼间距更宽，步足上多了很多粗硬长毛。这些特征都指向无齿东相手蟹（*Orisarma dehaani*）、隐秘东相手蟹（*Orisarma neglectum*）等。聂璜对蟛蜞就很厌恶了，因为不能吃：“（蟛蜞）江浙皆产，秽黑丛毛，其状丑恶，不充庖厨，食之令人作呕。”

这还不算，聂璜又搬出《世说新语》里的典故证明蟛蜞不能吃：“《尔雅》不熟，误啖遗羞，蔡谟前车，已鉴往哲。”说的是东晋的名臣蔡谟初次见到蟛蜞时，想到先祖蔡邕写的《劝学》中有一句“蟹有八足，加以二螯”，蔡谟一数腿，对上了。大喜：原来这就是蟹！蟹不是特好吃吗？结果烹食后吐得人都颓了。朋友谢尚得知后说：“你读《尔雅》不熟啊，差点儿死在《劝学》上！”原来《尔雅》里有一词条是“蜎蠌（音zé）”，后人多将其释为蟛蜎、蟛蜞，并说其“似蟹而小”，意为蟛蜞并不是蟹（中华绒螯蟹），并非可食的种类。

《海错图》里的“蟛蜞”

无齿东相手蟹

广东南海溪蟹种团里，有很多白螯、红腿、绿身子的个体

《海错图》里的“台乡蟛蜞”，是某种南海溪蟹

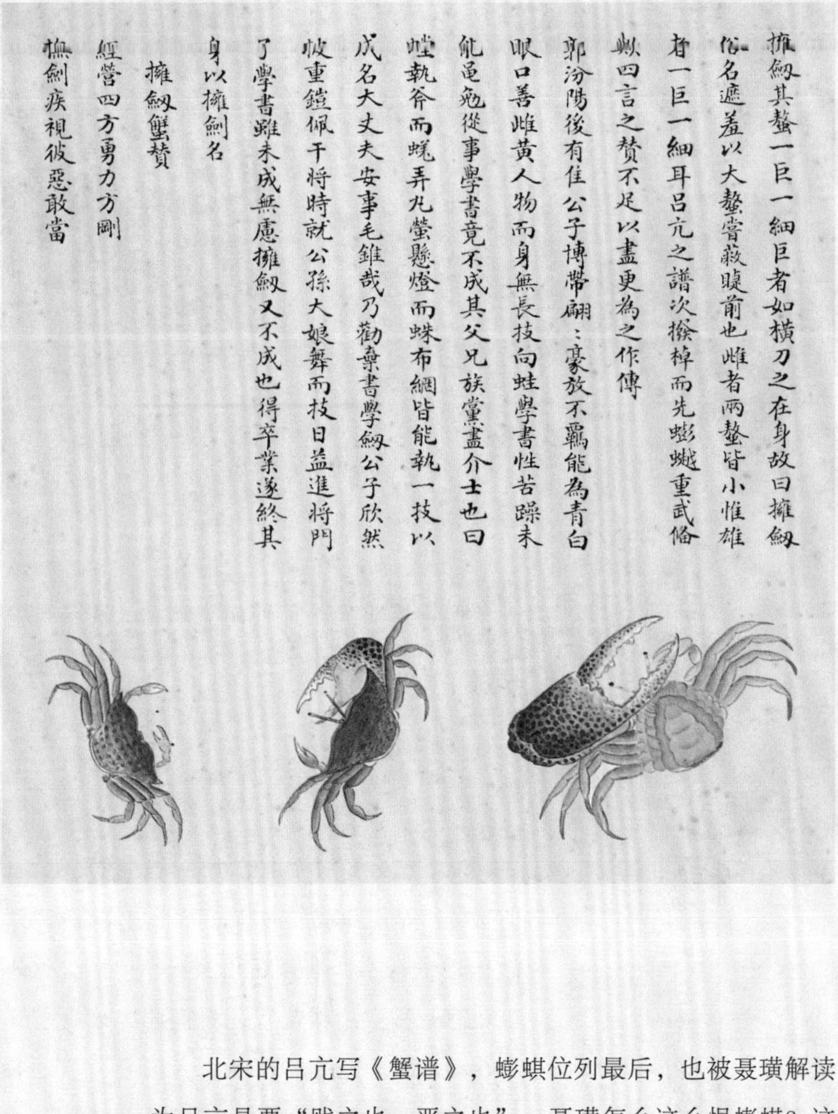
擁劍其螯一巨一細巨者如橫刀之在身故曰擁劍
亦名遮羞以大螯當蔽臉前也雌者兩螯皆小惟雄
者一巨一細耳呂亢之譜次撥棹而先蟛蜞重武偏
與四言之贊不足以盡更為之作傳
郭汾陽後有佳公子博帶翩翩豪放不羈能為青白
眼口善雌黃人物而身無長技向蛙學書性苦躁未
能黽勉從事學書竟不成其父兄族黨盡介士也曰
螳執斧而蜣弄丸螢懸燈而蛛布網皆能執一技以
成名大丈夫安事毛錐哉乃勸棄書學劍公子欣然
被重鎧佩干將時就公孫大娘舞而技日益進將門
了學書雖未成無慮擁劍又不成也得卒業遂終其
身以擁劍名
擁劍蟹贊
經營四方勇力方剛
撫劍疾視彼惡敢當

《海错图》里的『拥剑蟹』，描绘的是招潮蟹。『其螯一巨一细，巨者如横刀之在身，故曰「拥剑」。……雌者两螯皆小，惟雄者一巨一细』

北宋的吕亢写《蟹谱》，蟛蜞位列最后，也被聂璜解读为吕亢是要“贱之也、恶之也”。聂璜怎么这么恨蟛蜞？这么引经据典地骂。我严重怀疑他吃过，且因此受过罪。

可是聂璜到了福建、广东，却发现这里的蟛蜞是可食的，被腌制后售卖于山乡。他觉得是因为闽广之地水土与江浙不同，使物性发生了变化。其实可能是闽广人吃的蟛蜞和江浙人所称的蟛蜞根本不是一种。蟛蜞在民间指代的蟹类太多了。聂璜还画了一种蟹，白螯、红腿、绿身子，背壳呈倒

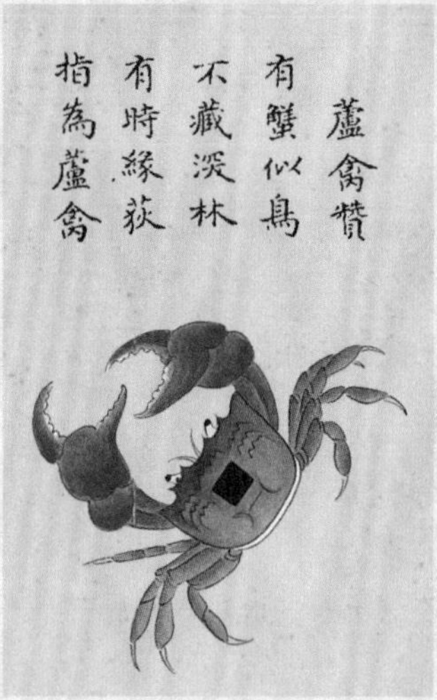

《海错图》里的『芦禽』，聂璜记载：『灰色，背有水纹，并有黑方块如印，两蚶（钳）赤色。产福宁南路海涂。』可能是近亲拟相手蟹或中华东相手蟹。这二者种内色型多样，都有类似此画的个体

近亲拟相手蟹（*Parasesarma affinis*）常活动在海滨芦苇丛中，取食芦苇和其他小生物

三角形，这明显是某种南海溪蟹，和传统意义的蟛蜞关系很远，可聂璜却叫它“台乡蟛蜞”，说明蟛蜞的定义是很灵活的。

五 统一吃法中的变化

说了这么多海涂上的小螃蟹，我发现了一个规律：它们的吃法都是用盐或酒去腌。可能是炸着吃壳太硬，蒸着吃没滋味，生腌才算是有点儿滋味和口感。这不，《海错图》里还有一种“金钱蟹”，看描述应该是字纹弓蟹（*Varuna litterata*），也是“醉酱堪入酒肴”。还有一幅图是“交蟹”，非常小，没啥特征，我就不鉴定了。它的腌法更猛。按聂璜的说法，宁波人宴请上等宾客时，需要“翻席”，就是一席没吃完，再开一席。这时人基本吃饱了，需要重新开胃。一盆欢蹦乱跳的交蟹就被适时地端上来了，活着就放进咸豆豉里裹一下，再扔进嘴里嚼。

聂璜感叹：山西人宴客，会用活的乳鼠蘸蜜吃，嚼的时候，乳鼠还在口中唧唧叫唤，此菜名曰“蜜唧唧”（注：这

是粤地吃法，不知聂璜为何说成山西吃法）。浙江人嚼活蟹，也是异曲同工。外地人到宁波偶然见到此景，都会“作惊态，投箸而起”。好在今天已经没人吃蜜唧唧和嚼活蟹了，一是卫生意识提高了，二是饮食文明进步了。这些美食消失了我不心疼，人类还是越来越体面为好。

字纹弓蟹

《海错图》中的『金钱蟹』。比蟛蜞大一点，壳扁似钱，背黑绿，八足微红有毛，两螯亦微红。其他蟹两眼之间的额部凹凸多刺，唯此蟹额平。生海滨盐碱地中，繁于夏秋。这些特征指向字纹弓蟹

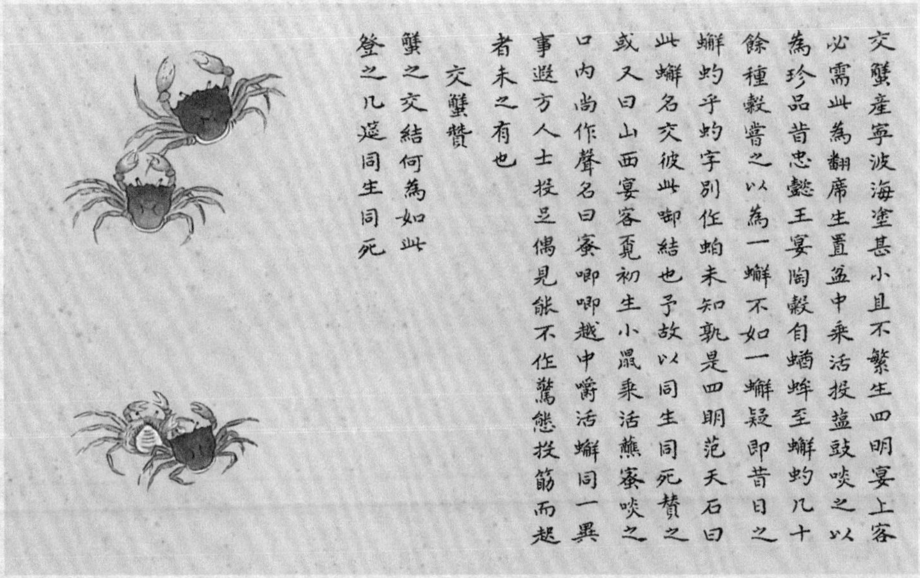

《海错图》中的『交蟹』，『产宁波海涂，甚小，且不繁生』

列如雄雞之憤或曰此沙鑽也穴於沙
未實

無名蟹贊

此蟹殊形遍訪無名
視兩螯張若鬭雞鳴

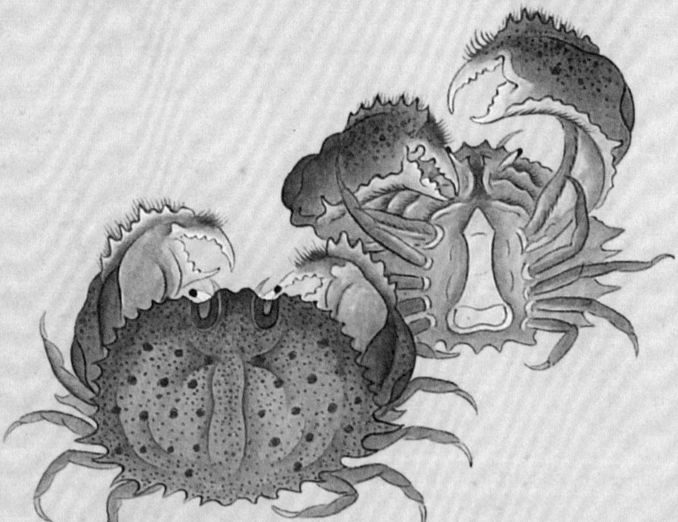

【无名蟹、虎蟳、金蟳】

公子无肠，类虎肖僧

东南沿海有两种蟹，一种后背上有个虎头，另一种则形似老僧头颅。聂璜首次绘下了它们的模样，但关于其身世，却记载甚少。

此蟹生福寧州海塗漁人得之贈余入圖形狀甚異遍示土人莫有識其名者其背前狭後寬周回有刺而尾後更銳

无名之蟹

一

聂璜在画《海错图》之前，曾客居浙江台州、温州20年之久。在那里，他见到很多新奇的海蟹种类，就把它们挨个画下来，在康熙二十六年（1687年）集成一本图鉴《蟹谱》，收录了30种蟹。康熙三十七年（1698年），他把《蟹谱》合到了《海错图》中。多亏此举，我们才能见到这些精美的螃蟹工笔画，因为聂璜的著作里，只有《海错图》流传了下来。

聂璜对这些小螃蟹很上心，就算再不起眼的种类，都配有名字。唯独有一种螃蟹，个头儿不小，形状怪异，描画细致入微，不但有背面观，还有腹面观。名字却潦草得很："无名蟹"。

聂璜在旁写道："此蟹生福宁州（注：今福建宁德、霞浦一带）海涂，渔人得之，赠余入图。形状甚异，遍示土人，莫有识其名者。"原来这是福宁州的渔民送给聂璜的一只标本，虽然当地没人认识，但聂璜当时一定是把它放在桌上，翻来覆去观察写生，才画得如此精细。这给我们今天的鉴定带来很大的便利。一眼可知，这是馒头蟹科的。

馒头蟹科是特别好认、好记的一个家族，因为名字和模样太配套了：躯干又圆又鼓，步足短小，可以完全缩在背壳

馒头蟹可以完美地抱合成馒头状，蟹壳又极为厚实，可以抵御锤击型虾蛄、鱼类的攻击

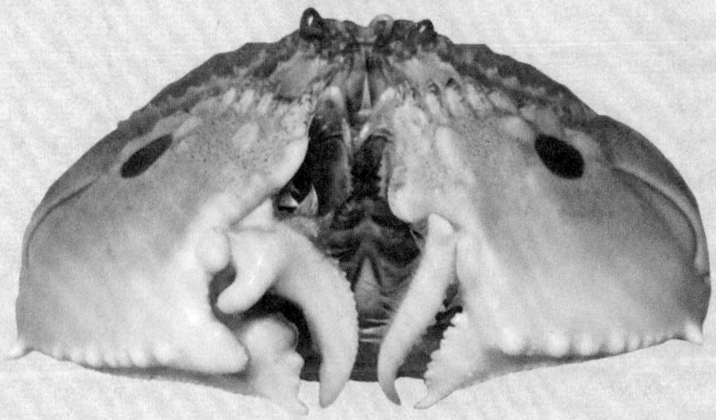

馒头蟹的两只钳子形状不对称。右钳（图中左边）是裂钳，有粗钝的突起，用来压碎螺壳和贝壳。左钳（图中右边）是齿钳，细长尖直，用来掏出螺肉或抓取一般食物。这些细节也被聂璜忠实地画了下来

之下。两只大螯呈弯曲的扁片状，有鸡冠状突起，按聂璜的话说：“两螯尤异常蟹，角刺排列如雄鸡之帻。”如此怪螯往胸前一抱紧，竟然完美嵌合了各处凹凸，整只蟹拼成了一个周正的馒头。

馒头蟹在今天东南沿海的菜市场很常见，有两种售卖形式。一种是一大堆养在大盆里打着气儿，整只地卖。圆滚滚的蟹身看上去充满了膏黄，可要是买回家去，八成要边吃边骂街：膏黄只是贴在内壁的薄薄一层，剩下的都是藏在各个舱室里的碎肉，还不够跟它们着急的。最大的两块肉，在两只大螯里。所以第二种卖法是光卖蟹钳子，或加工成蟹钳肉、生腌蟹钳等。

今天如此常见的馒头蟹，为什么聂璜“遍示土人，莫有识其名者”？我想，这应该和捕捞方式有关。馒头蟹普遍生活在几十米至100米深的海底，喜欢埋在沙中。今天的渔民用底拖网贴着海底一路兜过去，很容易犁出大量馒头蟹。而聂璜所在的康熙年间没有这类网具，也就很难捞到馒头蟹了，只有退大潮的时候才会凑巧碰到几只来到浅水活动的个体。这种遇见率，是不配获得名字的。

成年的逍遥馒头蟹，眼睛周围有『双钩紫纹』，躯体一般光洁无斑，螯上有大眼斑

幼年的逍遥馒头蟹，身上有深色圆斑

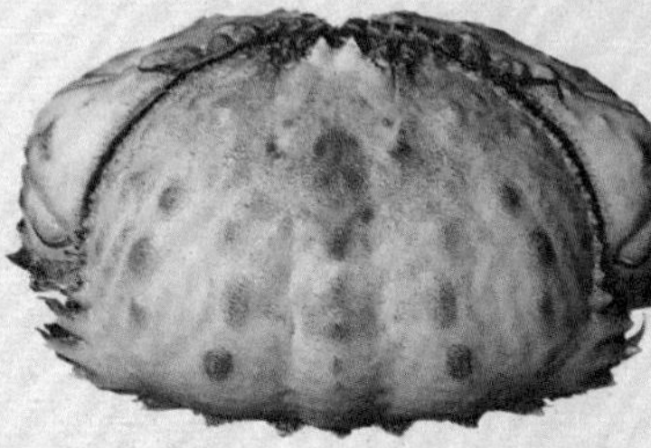

中国的馒头蟹有十几种，聂璜画的是哪种？来看看他写的形态描述：“其背前狭后宽，周回有刺，而尾后更锐，背上凹凸如老僧头颅，有大小紫点，目上有双钩紫纹。”“目上有双钩紫纹”这一点很重要，中国的馒头蟹里，只有一种满足这个条件：逍遥馒头蟹。它也是今天市面上最常见的馒头蟹种类。

但有两点让我疑惑。第一，“有大小紫点”，可我见过的逍遥馒头蟹，后背是没有斑点的。第二，逍遥馒头蟹的大螯上应该共有4个大黑点，可“无名蟹”却没有。还好我认识一位叫方博舟的摄影师，他致力于收集、拍摄中国的海洋蟹类，逍遥馒头蟹因为常见，被他多次拍摄。他告诉我，逍遥馒头蟹小的时候，身上是有斑点的，螯上也没有大黑点，“目上双钩紫纹”也还没出现。他把一只逍遥馒头蟹幼体的照片发给了我，还真是这样。所以，《海错图》里这只“无名蟹”，应该是一只正在从幼年跨向成年的逍遥馒头蟹。青涩的紫点还未消退，成熟的眼纹已经浮现。

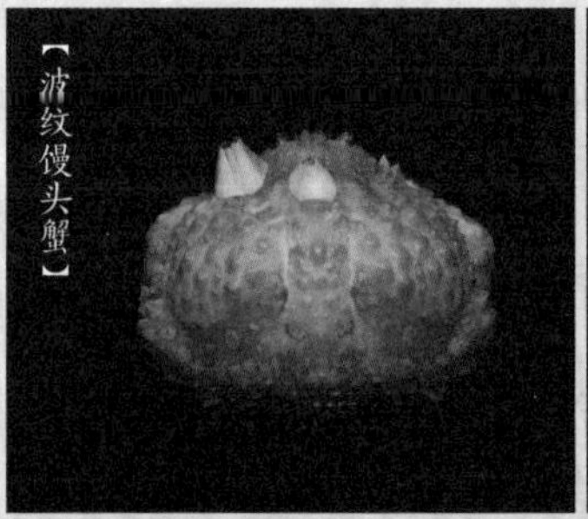
【波纹馒头蟹】

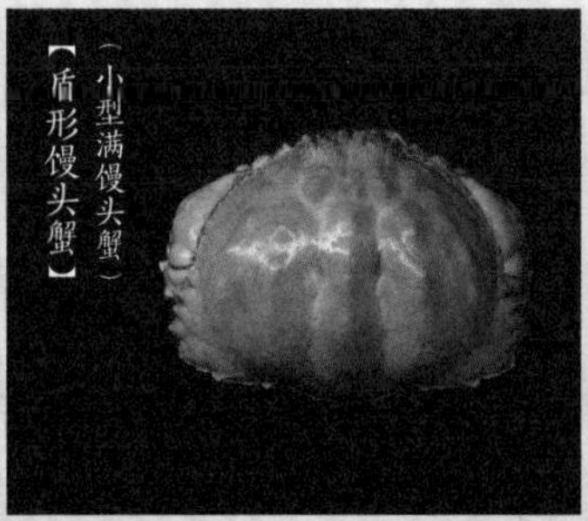
【盾形馒头蟹】（小型满馒头蟹）

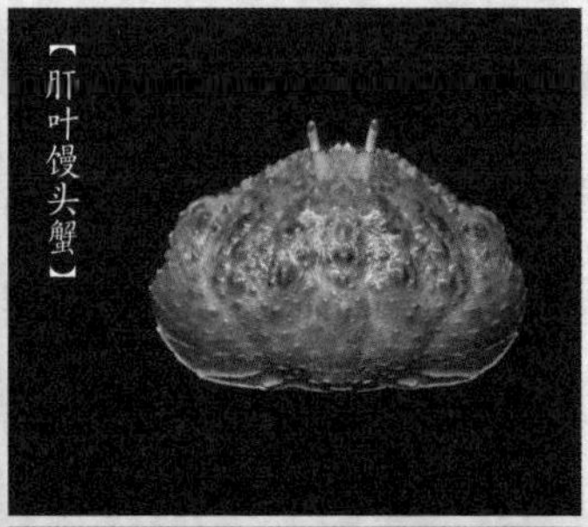
【肝叶馒头蟹】

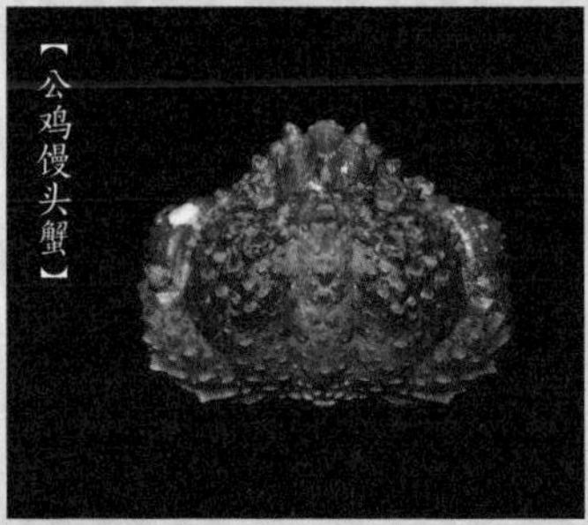
【公鸡馒头蟹】

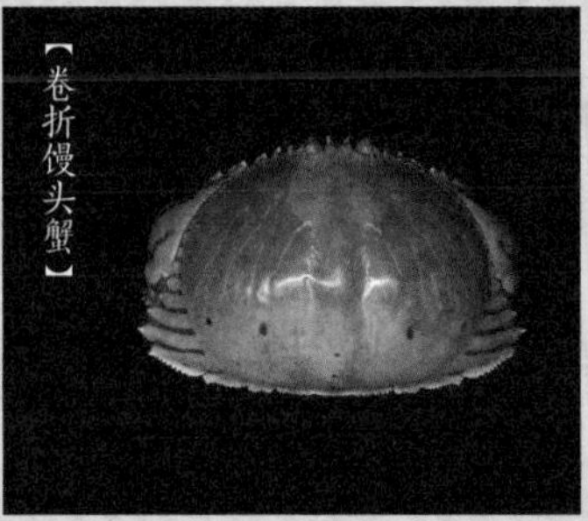
【卷折馒头蟹】

【泡突馒头蟹】

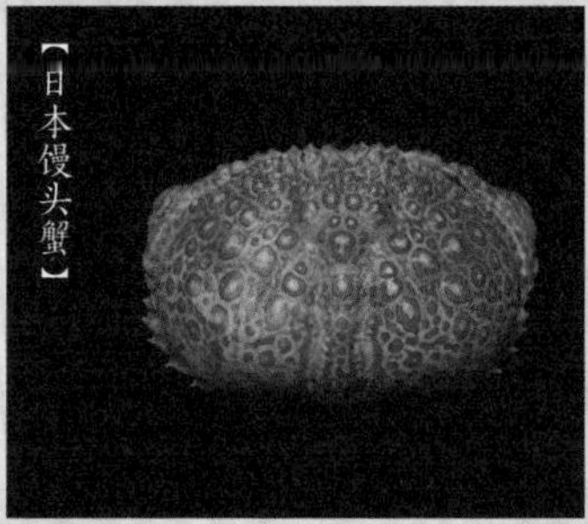
【日本馒头蟹】

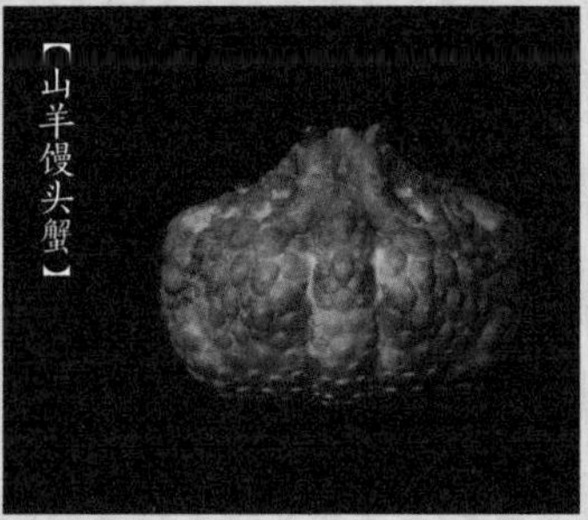
【山羊馒头蟹】

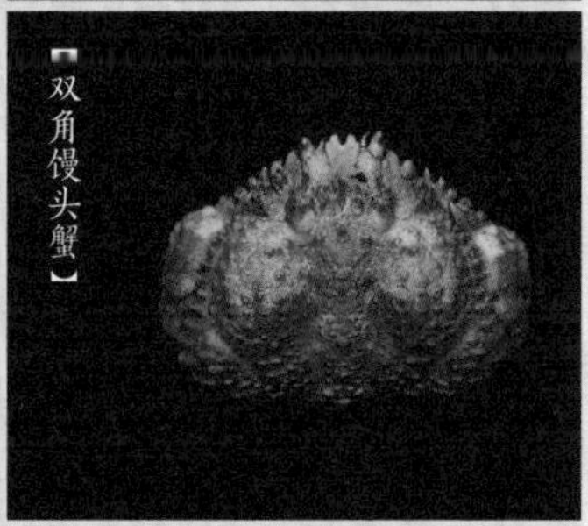
【双角馒头蟹】

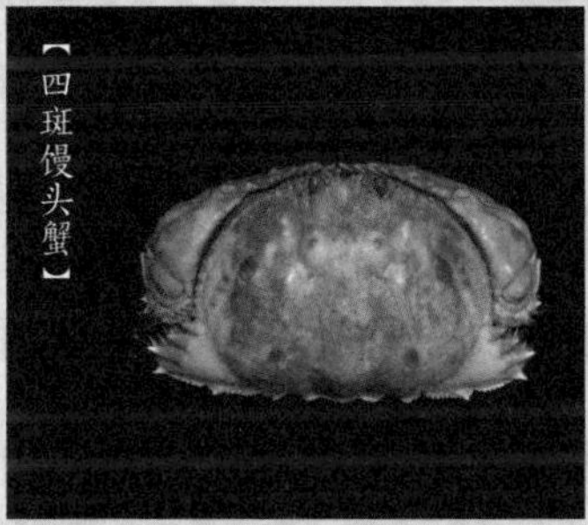
【四斑馒头蟹】

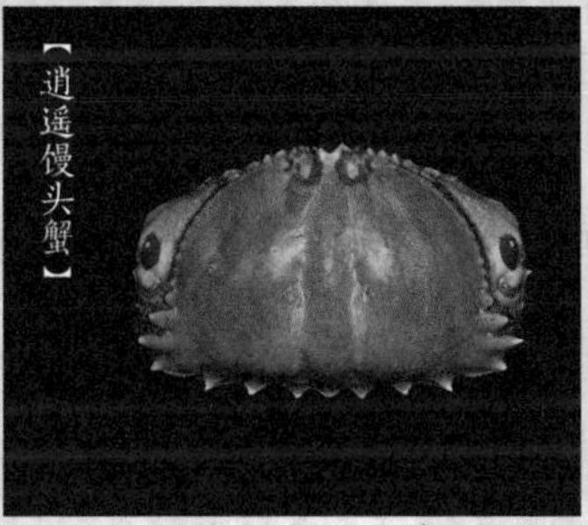
【逍遥馒头蟹】

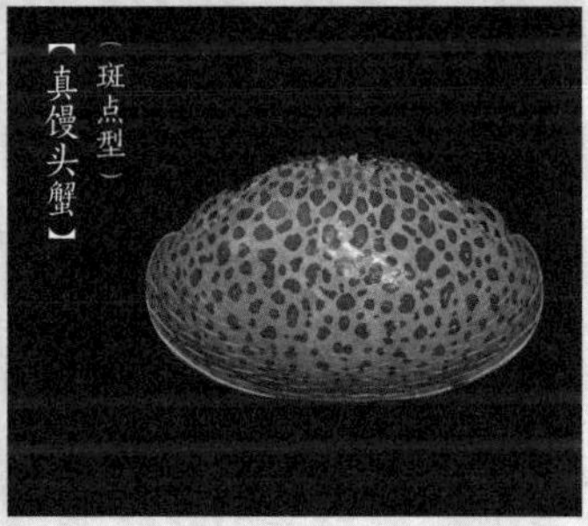
【真馒头蟹】（斑点型）

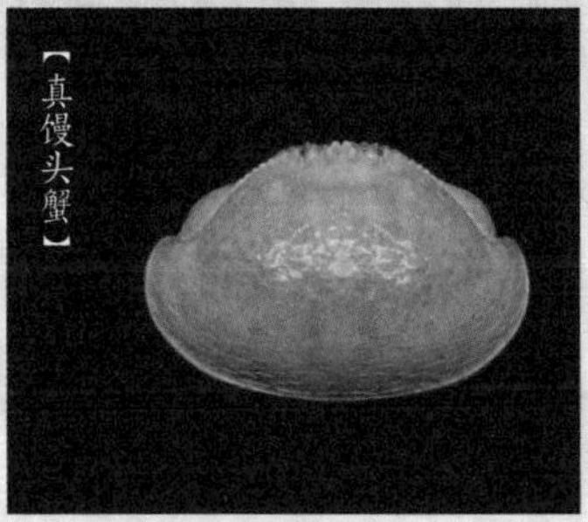
【真馒头蟹】

方博舟拍摄的中国所有馒头蟹科种类

馒头蟹的新故事

二

聂璜只见过这一只馒头蟹，对它的了解实在有限。今天的我们，可以看到一些聂璜没见过的东西。

在东南沿海的菜市场，找到卖活馒头蟹的摊位。盆里如果水浅，能看到一种有趣的现象：馒头蟹从嘴里向上喷出一股股低矮的水柱。这是因为蟹的呼吸方式和很多人想象中的相反，它们并不像鱼类那样用嘴喝水，再从鳃孔排出，而是倒过来，从螯足基部的入水孔吸入水，经过鳃之后从口器处的出水孔吐出。见过大闸蟹出水后吐泡吧？也是这个道理。在水下的时候，大闸蟹和馒头蟹一样，也是吐水的。出水后，它的入水孔只能吸入空气，从而使吐出来的水里夹杂大量空气，形成气泡。

近些年，有纪录片摄影师潜到海底，拍到了馒头蟹求偶交配的影像：公蟹抱着母蟹跑来跑去。然而这段画面却被国内一堆营销号剪成所谓“科普视频”，配上电脑生成的人声讲解：“世界上最爱老婆的螃蟹，它就是男友力爆棚的馒头蟹。当危险来临时，馒头蟹会抱着老婆逃跑。老婆脱壳时，

雄性逍遥馒头蟹会抱住即将性成熟的雌蟹不撒手，确保自己成为雌蟹的第一个『老公』。这种行为被营销号错误宣传为『馒头蟹是最爱老婆的螃蟹』

它会抱着老婆防止天敌接近。中国人得知后非常感动，把馒头蟹雌雄成对串在一起烤来吃，让它们永不分离。”简直句句离谱！

我做了个视频辟谣：“公蟹只有求偶期才会抱母蟹，交配后就扔下母蟹跑了。这叫爱老婆吗？求偶期抱着母蟹也不是为了保护老婆，是为了‘占坑’——公蟹抱的是还差一次脱壳就性成熟的母蟹，让母蟹在自己怀里脱壳，然后立刻交配，保证自己是母蟹的第一个老公，这样留下后代的可能性最高。而且很多螃蟹（如最常见的三疣梭子蟹）都这样，并不是馒头蟹专属的行为。中国人也不会把馒头蟹公母串起来吃，营销号配的烤蟹串图是正直爱洁蟹。做的什么视频，满嘴放炮！”结果，我的视频反而被一些平台删除了，理由是“提到了‘交配’‘性成熟’等词语，不宜继续传播”。

如果我穿越回去，告诉聂璜这些由馒头蟹衍生出的未来事，他应该是理解不了的。别说他了，我都理解不了。

虎头蟹证实了『山海经』？

三

除了形似老僧头的馒头蟹，《海错图》里还有一种形似虎头的蟹，聂璜称之为“虎蟳”。他说：“余于康熙戊午（注：即康熙十七年，公元1678年），客永嘉之宁村（注：今浙江温州龙湾区宁村），偶得虎蟹。睹其全体，色正黄，背肖虎面，目鼻俨然而八跪斑斑，描尽虎状，虽善绘者莫逾于此。”对亲眼见过的生物，聂璜保持了一贯的高写实画风，所以这只蟹也很好鉴定，正是今天中国沿海依然食用的中华虎头蟹。

说它像虎头，其实很牵强。它只不过有两个大眼斑，身体黄黑相间而已。说它像猫头、人头、鬼头都行。我的朋友

虎蟳赞

懸門斷癰必爾入秦

兕雖見畏不咥人亨

《海错图》中还画了一只『虎蟳』，其背壳花纹形似虎头。今天，这种螃蟹叫中华虎头蟹，是沿海地区的一道美味

蝶衣，甚至觉得它像“中年男人色素沉积的乳头”，把我也带沟里去了，越看越觉得像。对于这样的花纹，今天的科学家并不会觉得新奇。但康熙十八年，聂璜把虎蟳图寄给北京一个叫吴志伊的人，那人却大吃一惊。

吴志伊又名吴任臣，是清代的文学家、藏书家，曾考取康熙帝举办的博学鸿词科，纂修《明史》。顾炎武对他的评价是“博闻强记，群书之府，吾不如吴任臣”，可说是当时标准的博物君子。他还对《山海经》颇有研究，看到虎蟳图后，写下了一大通感慨，寄给了聂璜。聂璜觉得这段感慨为虎蟳图增色不少，就把它誊写在了《海错图》里。

吴志伊的感慨大意是：“世人看到《山海经》里的那些怪兽，都说太怪了，没见过，不敢相信。然而世间万物，人没见过的东西多了去了，何必非要亲眼见过才相信呢？比如聂璜画的虎蟳，怪不怪？怪，却是他亲眼所见的，即使大部分人都没见过，也没什么好怀疑的。所以我要用虎蟳图来证明《山海经》里的怪兽不是虚妄的，它们没被我们见过，不代表它们不存在。”

吴志伊这样的思路，至今仍大行其道。神秘学爱好者们常用的口头禅就是“你没见过不代表不存在”。这是犯了逻辑上的错误。逻辑学有个重要的原则，叫“证有不证无”，就是说我们只能证明一个东西存在，而不能证明它不存在。你说某怪兽存在，那需要你拿出证据，比如抓到一只。而我说这怪兽不存在，则无须提供任何证据。因为我不可能花一辈子找遍地球每个角落，临死前告诉你：“整个地球都没找到这种怪物！可以证明它不存在了吧？”结果你轻飘飘来一句：“你怎么能保证月亮上没有呢？太阳系外呢？你找遍宇宙了吗？”这不是累傻小子吗！所以一个东西不存在，是无法证明的，也是无须证明的，而存在才需要证明。“你没见过不代表不存在”，翻译过来就是“我认为这个东西存在，但我没有任何证据”，这就叫耍无赖了。

也有人会提出所谓的“证据”，比如吴志伊，拿着虎蟳当证据，证明《山海经》里的怪兽都是真的。但连小孩子都能看出其逻辑漏洞：虎蟳是真的，其他怪兽凭什么就得是真的？二者毫无因果关系，标准的以偏概全。可惜的是，这样的观点在今天的网络上随处可见。只要哪个视频里有长相奇特的动物，底下评论区准有人说：“这么怪的生物竟然是真实存在的！看来《山海经》里也都是真的！”

还有一套“鹦鹉灭绝论”也成了这些人的常用论据：“假如以后鹦鹉灭绝了，后人看到我们今天的记载‘山中有鸟，身有七彩，能说人言’，是不是也觉得荒诞呢？所以

《山海经》里的记载看似荒诞，没准儿是真的呢。”且不说这段高论还是犯了以偏概全的错误，就算是鹦鹉灭绝了，后人如果有点儿脑子，看到鹦鹉的描述，也不会觉得荒诞。山中有鸟，很正常啊；身有七彩，也正常，七彩的鸟多了去了；能说人言，还是正常，八哥、鹩哥也会说啊，就连松鸦、大嘴乌鸦、喜鹊都能说两句“恭喜发财”“Hello”什么的。再说了，鸟能说人言，本质上就是鸟会学另一种动物的叫声。而这种现象在鸟类里广泛存在，叫“效鸣”，百灵、乌鸫、画眉等很多鸟都会学其他鸟类的叫声，还会学猫叫、狗叫、蝈蝈叫，澳大利亚的琴鸟甚至能学相机快门声和伐木电锯声，所以学人言新鲜吗？一点儿不新鲜。对于拿着这点“证据”自以为发现《山海经》真相的朋友，我想送上一句名言：“你的问题主要在于读书不多而想得太多。”

很多人都问我，你研究完《海错图》，要不要也考证下《山海经》里的动物？我不想接这活儿。因为今天的《山海经》丢失了一个关键部分：原图。学界普遍认为，历史上是先有的山海图，也就是一些上古的图画，而《山海经》只是对图画的文字描述。后来图丢失，只存留文字，后世再根据文字画出那些怪兽的样子，也就是今天明代、清代版本《山海经》里的各种怪兽画像。转了这两次手，必然导致形态上严重失真。而且《山海经》的文字描述也很模糊，比如很多怪兽都“声如婴儿”，到底是像婴儿笑、婴儿哭还是婴儿呢喃？这在动物学上可差之千里。就好比我向警察描述罪犯的模样：“一人来高，黑头发，抢了我的包，‘嗖’就跑了，跑的时候还哈哈大笑，音调像流氓。”警察肯定找不着这人。

当然，我可以硬猜，总有能贴上现实动物的，比如“谯明之山，谯水出焉，西流注于河。其中多何罗之鱼，一首而十身，其音如吠犬”，我当然可以说这何罗鱼是鱿鱼，“一首”是它的身体，“十身”是它的十条鱿鱼须子。但读者一问，鱿鱼怎么会在黄河的支流里，鱿鱼怎么会狗叫，我就没词儿了。证明《山海经》里的怪兽存在，需要极详尽的证据，绝不是坐屋里琢磨那几句只言片语就能完成的。这两年我看到一些文化学者也出版了一些《山海经》生物的考证，在我一个学动物分类出身的看来，都是漏洞百出，强拉硬扯，不啻于一本本笑话集。

还是《海错图》好，原图原注，基于现实，证据充足，一些和事实有出入的地方也有迹可循，增添了考证乐趣。这么好的书，去哪儿找啊！

在『虎蟳』旁，聂璜画了一只『金蟳』。它是聂璜在发现虎蟳的同年记录到的。配文很有趣，说它『背足之斑点绝似槟榔之剖破状，两螯如胭脂之衬白玉，莹润可爱』。此蟹也是画得非常写实，尤其是背上如同槟榔纤维的线纹，可以断定其为红线黎明蟹。聂璜观察到此蟹的八条腿都呈船桨状，猜测『其性必宜于水，而非陆处者』。红线黎明蟹确实是水生蟹，它船桨状的足利于游泳，还能在退潮时快速挖沙，把自己藏在沙面下，等待涨潮

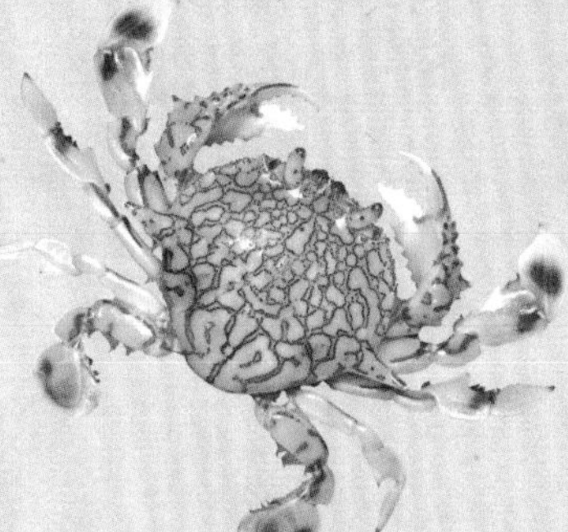

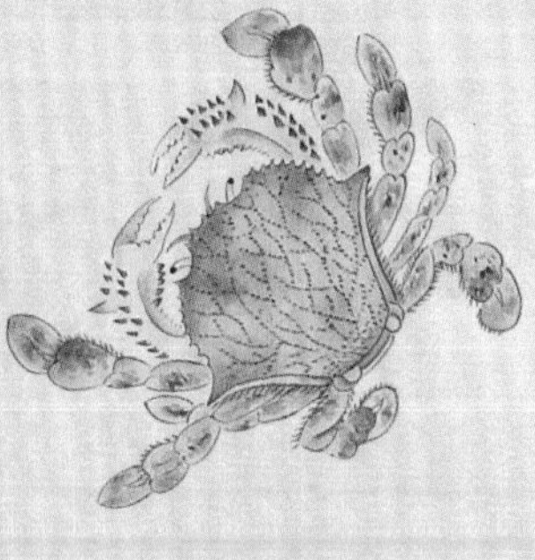

金蟳赞

紋紫質黄剖破檳榔

思邈醫龍遺漏藥囊

予客台甌目擊海獅實能化蠏及客閩又得見諸螺之無不能化蟹故彙而圖之一白螄二青螄三鉄螄四黄螺五簪螺六蘇螺七棘螺八角螺俱係目擊其中蠏自螺內所化二螯直舒前四足長後四足隐而短而有一尾行則負其殼于水卧則縮而潜于其身于房而土人多以予言為謬云此寄生蟹蓋蟹寄食于其中者也夫蠏之寄居別有寄居之說而非諸螺之蠏也即偶有之如異苑所載海中之螺出殼而遊朝去則有虫類蜘蛛者入其殼中螺夕返則此虫讓之而去古人所謂鸚鵡外遊寄居負殼者偶然有之然無人見今諸螺畜于盆盎終始于此無以彼易此之狀且俱于五六月一陽生之後而變氣候使然世之執寄居之說者多為陶隐居之說所悞陶隐居蓋未親歷邊海也其說著之本草以訛傳訛竟以化生之螺為寄居誰則辨之

【化生蟹、小香螺、大香螺化蟹、响螺化蟹、鹌鹑螺、绿蚌化红蟹、泥螺】

螺老化蟹，四海横行

螺里钻出一只形似螃蟹的动物。它是螺肉变成的？还是寄居壳中的？古人对此意见不一。

夫蠢動無定情萬物無定形化生之物豈獨一蟹哉鯉化龍雉化蛟馬為蠶蛙化鶉鼠變蝠蛇化鱉橘虫化蝶桑虫化蠐螬屈指無算若夫朽木化蟬腐草化螢楓葉化魚蘆葦化蝦草子化蚊瓜子化衣魚是尤以無情化有情螄螺化蟹互為介虫有情而還以化有情也又何疑為存其説用補齊丘化書之所未備

化生蟹總贊

蝗可變蝦螺亦化蟹
換面改頭沉淪慾海

万物无定形

一

“化生说”，是贯穿《海错图》全书的主导性学说。这个学说认为“万物无定形”，即各种生物都在不断变化，一种生物可以变成另一种生物，且这种变化是自然规律（天、道）推动的，不是神灵设计的。这个学说在古代世界是相当先进的，比西方的“神创论”不知要高到哪里去了。“进化论”在欧洲提出时，引发社会哗然，遭到口诛笔伐。但当它以《天演论》的形式被介绍到中国后，却毫无阻力地被国人接受，“自此书出后，物竞、天择、优胜劣败等词，成为人人的口头禅”（蔡元培语）。为什么会这样？我想，这当然有救亡图存的大环境原因，但一定也有化生说的功劳。正因为之前化生说的广泛流行，才使得中国人早就接受了“一种生物能变成另一种生物”的设定。

化生说很多都源自中国人对大自然的观察。比如聂璜在《海错图》中举出的例子：“橘虫化蝶、桑虫化蠮螉（音yē wēng，泥蜂、蜾蠃等细腰蜂）”。橘虫化蝶是指柑橘凤蝶的幼虫变成蝴蝶；桑虫化蠮螉是指毛毛虫被蠮螉蜇晕，塞进泥巢作为蜂幼虫的食物，最后蜂的成虫破巢而出，看上去就像毛虫变成了蠮螉一样。这些都是真实存在的自然现象，被古人当作化生说的证据。

当然，化生说毕竟不是科学，还是有很多不靠谱的案例的。比如“芦苇化虾”“草子化蚊”，是因为虾、蚊的卵和幼体过于微小，被古人忽视，就以为虾和蚊子是它们附近的植物变成的。还有几个聂璜列出的案例，今人看着会很眼熟。“鲤化龙”，就是鲤鱼跳龙门的传说嘛。“鼠变蝠”，至今很多地区还流传着“老鼠吃了太多盐就会变成蝙蝠”的说法。最逗的是“蛇化鳖”，我一看，脑子里就响起赵本山那句“你穿个马甲，我就不认识你啦？！”。看来，化生说至今还隐藏在我们的生活里，只是我们没有意识到。

一只镶黄蜾蠃在我家窗外筑了泥巢，它正把被蜇晕的槐尺蠖（北京俗称『吊死鬼』）塞进巢中，作为其幼虫的食物。古人据此留下了『螟蛉有子，蜾蠃负之』『桑虫化蠮螉』的记载

聂璜是化生说的忠实信徒。在他看来，“化生”分两类，一类是无情物（注：即植物、真菌、矿物）化为有情物（注：即动物），如“腐草化萤”“枫叶化鱼”“芦苇化虾”，这种转化难度大，毕竟二者亲缘关系远。第二类是有情物化为有情物，如“鲤化龙”“蛙化鹑”，这种转化难度小。

所以，当聂璜在浙江台州、温州的海边第一次看到寄居蟹的时候，立刻就认定，这是海螺里的螺肉化为了螃蟹。因为用化生说往上一套，颇为合理：海螺和蟹不仅都是“有情物”，甚至同属于古代本草分类学里的介虫（因为它俩都有壳）。亲缘关系如此近，互相转化一下有什么可奇怪的？所以他说：“蛳螺化蟹，互为介虫，有情而还以化有情也，又何疑？”

聂璜在客居福建后，看到了更多的寄居蟹。他发现，这些蟹背上的螺壳种类更多了，于是认为“诸螺之无不能化蟹”，并把亲眼所见的几种一一记录了下来：“一白蛳、二青蛳、三铁蛳、四黄螺、五簪螺、六苏螺、七辣螺、八角螺，俱系目击。”

聂璜把寄居蟹从螺壳中拔出来，仔细观察，记录下了蟹的形态：“二螯直舒，前四足长，后四足隐而短，而有一尾。行则负其壳于水，卧则缩而潜于其身于房。”这些记载句句属实，没有问题。但是聂璜“蟹自螺肉所化”的观点，却受到了大部分福建本地人的质疑。他们告诉聂璜，这些蟹不是螺肉变的，“此寄生蟹，盖蟹寄食于其中者也”。

这里的寄生、寄食，其实就是寄居的意思。古代中国人早就意识到，寄居蟹只是借空螺壳自保，并非由螺肉化成。唐代的《酉阳杂俎》记载：“寄居之虫，如螺而有脚，形似蜘蛛。本无壳，入空螺壳中载以行。触之缩足，如螺闭户也。火炙之，乃出走，始知其寄居也。”这段文字不仅极为准确，而且用一个简单的试验——火烤，就证明了寄居蟹并非螺肉所化。若真是螺肉所化，那肉体应该和壳相连，被火烤时无法逃走。再仔细品味，这段文字甚至比今天很多民众的认知还要科学：寄居蟹属于十足目的异尾下目，而螃蟹属于十足目的短尾下目，所以严格来说，寄居蟹不是螃蟹，“寄居之虫”比“寄居蟹”更加准确。明代的《闽部疏》《本草纲目》等书也持同样观点。

聂璜认为，这些说法都源自南朝梁著名医家陶弘景的《本草经集注》。里面说，海边有一种特殊的蜗牛，“火炙壳便走出，食之益颜色，名为寄居”。聂璜说，陶弘景“未亲历边海”，所以写得语焉不详，后人以讹传讹，把这种现象解释为蟹寄居在空螺壳里，其实这是错的！这些蟹是螺肉化成的！

聂璜以为众人皆醉他独醒，其实众人对寄居蟹的认知才是清醒的，醉的是他。他太执着于用化生说解释一切了。

聂璜还收录了“鹦鹉外游，寄居负壳”的故事。传说，海中的鹦鹉螺会在白天钻出螺壳，光着大肉身子到处撒欢儿。这时会有一种形似蜘蛛的虫钻进空螺壳中，背着壳行走。到傍晚，光屁溜儿的鹦鹉螺肉回来了，这种虫就把壳让出来，请螺肉回家。这故事简直太和谐社会了。

今天我们知道，鹦鹉螺的肉是不能离壳到处跑的。另外，鹦鹉螺在海洋中数量很少，其空壳数量远比不上海螺壳，几乎没有寄居蟹会背鹦鹉螺壳。这个故事显然是编的。

寄居蟹的模样完全符合聂璜所述『二螯直舒，前四足长，后四足隐而短』『其半身尚系螺尾』的记载

聂璜在记录“响螺化蟹”时还写了一句，寄居蟹“不能离螺，必负螺而行。盖其半身尚系螺尾也”。这也是个有趣的误会。螺尾（螺的内脏团）在螺壳中生长，自然会长成螺旋形。而寄居蟹为了固定在螺壳里，腹部当然也要配合壳的形状演化成螺旋形。前半身像蟹，后半身像螺，也难怪聂璜认为寄居蟹是螺肉所化了。事实上，寄居蟹并非“不能离螺”，它随时可以离开。随着它长大，需要不断爬出旧壳，寻找新壳。有的寄居蟹一天之内可以换好几次壳，直到钻进自己最满意的那一个。

寄居蟹中的巨人 三

我读研时去台湾采集标本，在那儿的海滨看到不少陆寄居蟹。这类寄居蟹成年后主要生活在陆地，甚至爬到山上去。我就在高雄海边的柴山上，被一只短腕陆寄居蟹用钳子夹住了手指（因为我手欠摸它），死命不松。中国科学院动物研究所的黄晓磊老师滴了几滴酒精进螺壳，寄居蟹才醉醺醺地松开了钳子。陆寄居蟹基本不下海，只能利用冲上沙滩的螺壳，或者陆地上的蜗牛壳。很多海滩由于游客把螺壳都捡走了，导致陆寄居蟹找不到壳住，只能背垃圾。最常见的是背瓶盖，还有背酒杯、灯泡、乒乓球的。台湾绿岛有个民宿的老板，看到一颗婴儿头在地上移动，吓得半死。定睛一看，是一只短腕陆寄居蟹背着个洋娃娃的脑袋。台湾环保人士呼吁：大家去陆寄居蟹分布的海边时不要捡螺壳，给寄居蟹留一点儿最后的尊严。

这件事从侧面说明，寄居蟹对螺壳种类的要求不高，大小、形状合适就行。所以根据螺壳来分辨寄居蟹的种类，是不靠谱的。今天的寄居蟹分类学者也是按寄居蟹的触角、腹肢等部位来分类，螺壳没有参考价值。

海滩上螺壳难觅，垃圾遍地。这只陆寄居蟹只能以废弃的罐头为家

但是聂璜不一样，他认为寄居蟹既然是螺肉化成的，当然要用螺壳来分类。他花了很多笔墨来描述寄居蟹的螺壳。其中有两种大型海螺，是被他大书特书的。

一是“香螺”。聂璜说它的壳“形似土贴壳而大”，土贴就是宁波人、上海人爱吃的泥螺，螺塔很低，螺口极大。不过，泥螺只有指甲盖儿大，“香螺”却能长到海碗那么大。聂璜还见过海边的人把它的壳当成花盆：“壳之大者见养花家，多架于药栏，以栽芸草花卉为玩。”另外，“香螺”壳是黄色底，上面点缀着“紫黑斑点不等”；它的肉非常厚实，“似腹鱼（注：即鲍鱼）而微香，故以香名”，而且“其肉有花纹，如锦”。这几个特征已经非常清晰了：“香螺”就是涡螺科的瓜螺，又称椰子涡螺。

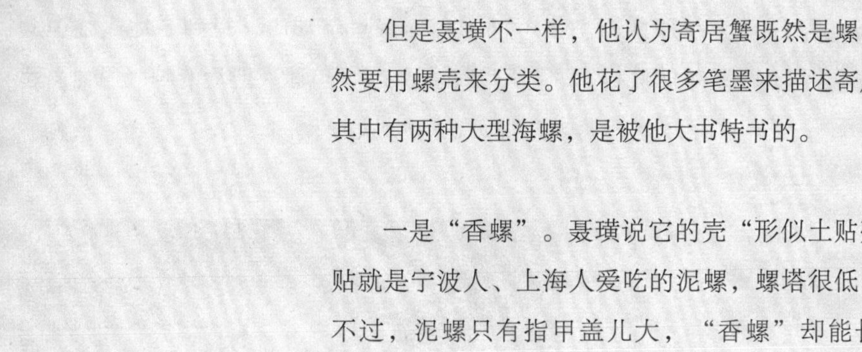

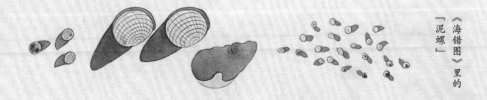

《海错图》里的「泥螺」

瓜螺是中国东南沿海市场上常见的大型海螺，个头、形状都酷似一颗番木瓜。巨大的腹足上布满斑马纹，跟黄色的螺壳搭配起来，非常吸睛。然而外行人要是一冲动买了它，回家做成菜，会大呼上当。瓜螺的肉特别容易老，如果炒的话，切片要够薄，火候要讲究，否则咬不动。还是切成粒，和排骨一起放在高压锅里炖汤最保险。

管角螺是东南沿海人所称的『响螺』之一

二是响螺。这也是大型螺，叫响螺是因为“其壳吹之，可为行军号头”。看图片，跟今天潮汕人说的响螺是一回事儿，即盔螺科下的几种螺，常见的有管角螺和角螺两种。《海错图》里画的这种各层都有角状突起，是管角螺。聂璜说，这种螺在琉球（注：今日本冲绳）尤多。福建人张玉明于康熙三十年（1691年）经过琉球时，见到当地人处理此螺的流程，回国后告诉了聂璜：琉球人把活的响螺用绳悬起

瓜螺是东南沿海市场上常见的大型螺

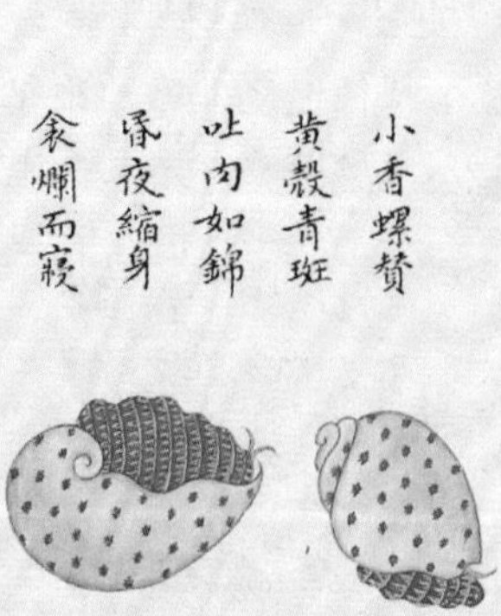

《海错图》里画的『小香螺』，即瓜螺的幼体

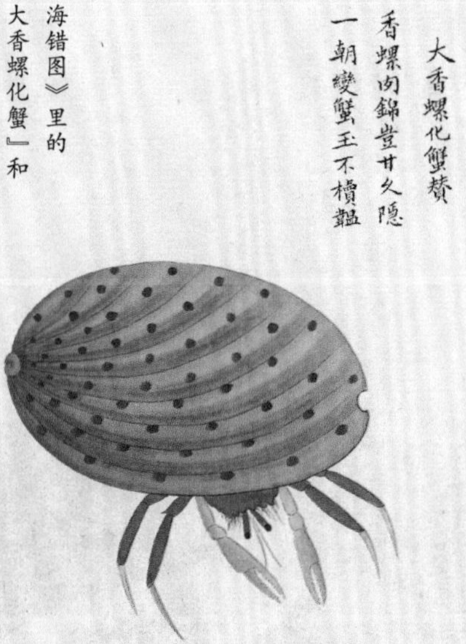

《海错图》里的『大香螺化蟹』和『响螺化蟹』

来，用炭火炙之，螺肉烫得伸出扭动时，趁机取下；把厚实的腹足切成大片，风干，卖到福建，假充鲍鱼；螺尾则被放入竹筒形的琉球瓷瓮里腌起来，用瓷盖、蛎灰封之，又以草作辫，把瓮扎好，这样在船上怎样磕都不会碎，最后同样运到福建售卖；由于成品是绿色的，故名“海胆”。聂璜说：“蘸肉食代酱甚佳。”今天，响螺尾虽然不再用来腌制，但依然被食客珍视。炭烧响螺时，必须要把螺尾和螺肉一并摆好，看不到螺尾，潮州老饕甚至不会付账。

在这两种大螺中，聂璜各画了一只探头探脑的寄居蟹，而且体型也随之变大了很多。聂璜的目的是告诉大家：“海中之螺不但小者能变蟹，即大如响螺，亦能变。”也就是说，聂璜很可能见过足以背动这两种巨大螺壳的大型寄居蟹。中国有这样的寄居蟹吗？

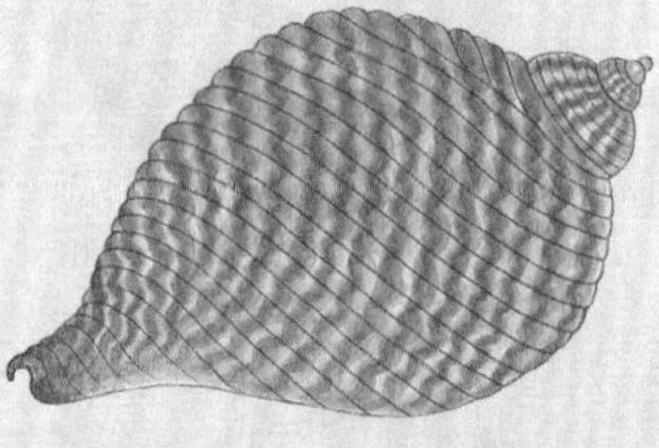

鵪鶉螺形色如鵪鶉狀故名其螺殼薄可為酒盃而不便雕鏤

鵪鶉螺贊

螺肖鵪鶉類同鸚鵡奈何久蹲竟不飛舞

《海错图》里画的『鹌鹑螺』。『形色如鹌鹑状，故名。其螺壳薄可为酒杯，而不便雕镂』。看花纹，似乎是带鹑螺或黄口鹑螺

炭烧响螺，是潮汕名菜。图中用的是管角螺的亲戚——角螺。它更加修长，壳上没有角状突起

中国最大的寄居蟹是椰子蟹，它是陆生的，腿展开有一米宽，是陆地上现存最大的节肢动物。目前只有台湾南部有确切的分布记录。椰子蟹只有幼年时会背螺壳，成年后体壁坚硬，就用不着螺保护自己了，光着身子在地上到处爬。椰子蟹分布在热带，福建对它来说太冷，所以不应该是它。

椰子蟹以外的大型寄居蟹都是海生的。大连有一种海鲜，叫“虾怪”，就是一种大型的寄居蟹。它的正式名称也很直白，就叫“大寄居蟹”。它常住在一种大海螺——脉红螺里。但大寄居蟹在北方，瓜螺、管角螺在南方，分布地对不上。

南方个头大的海生寄居蟹，有红星真寄居蟹、斑点真寄居蟹等。我有个朋友吴润宏，在厦门和海南的码头收集有观赏价值的海鲜，卖给水族玩家。我在他那里见过很多非常大的红星真寄居蟹和斑点真寄居蟹，它们普遍躲在鹑螺壳里。鹑螺在《海错图》里也有图，叫“鹌鹑螺”，因为它大小、轮廓都酷似一只鹌鹑。如此大螺能被寄居蟹背动，一大原因是鹑螺的壳极薄。聂璜说它“壳薄可为酒杯，而不便雕镂”，这背着就没压力。而瓜螺、管角螺的壳厚重，背起来会很累，但也并非不可能发生。厦门有个我爱去的餐厅：上青本港海鲜。餐厅老板杰哥曾在2021年底做了一桌“全蟹宴”，其中一盘就是大个儿的红星真寄居蟹，来自聂璜记载的福建海域。处理食材时我看到，正好有一只藏在角螺里，还有一只藏在瓜螺里！看来聂璜所绘的寄居蟹，确实个个都是他亲眼所见。

红星真寄居蟹背着一个鹑螺的壳，螺壳上还长着几个海葵

绿蚌化红蟹

四

寄居蟹都是寄居在螺壳里，可《海错图》中有一幅画，是一只蟹住在双壳贝里。聂璜在旁写道：“螺之化蟹比比皆是，蚌之化蟹则仅见也。闽海有一种小蚌，绿色而壳有瘰（音lěi）。剖之无肉，而红蟹栖焉。以螺而类推之，亦化生也。然亦偶见，不多。”还写了首《绿蚌化红蟹赞》：

看绿衣郎，
拥红袖女。
你便是我，
我便是你。

这幅画让我比较犯难。首先，这肯定不是寄居蟹，寄居蟹螺旋形的身体后半段无法固定在双壳贝里。其次，据我所知，住在完整双壳贝里的螃蟹只有豆蟹之类，但它们都是住在活贝里的，而不是“剖之无肉”的空壳里。关公蟹、绵蟹倒是会背着贝壳保护自己，但都是背单片的壳，没有躲在双壳里的。请教了对螃蟹有研究的几位朋友，他们一致认为，没有完全符合“绿蚌+红蟹”设定的现实案例。要么是小螃

《海错图》中的『绿蚌化红蟹』

绵蟹科物种喜欢背着各种东西保护自己。这只绵蟹背着一块黄色的活海绵

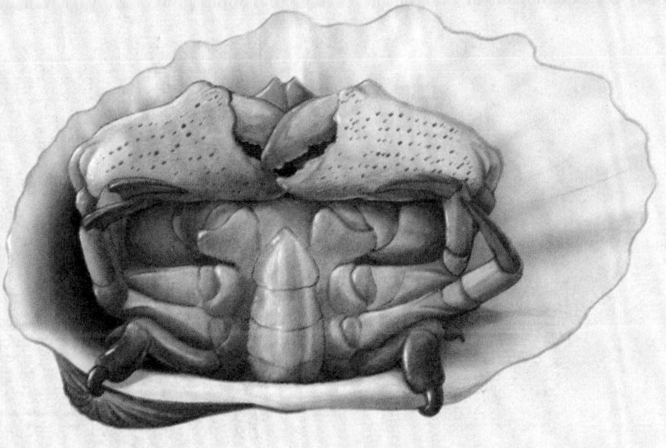

干练平壳蟹用最后一对足背起贝壳，保护自己

蟹恰好躲在了空的双壳贝里，要么就是一些绵蟹科物种背单片贝壳的行为被口口相传，讹变成躲在双壳间。以“红蟹”这个特征从绵蟹科里找的话，干练平壳蟹比较符合。它体色较红，体型也小（甲宽2厘米），最后两对足特化成小钩子，能钩起一片贝壳盖在背上，隐藏自己。绵蟹科普遍有背东西伪装的习性，它们名字里的“绵”就得自很多种类会把活海绵背在身上的习性。

與短有異蟹體短也故以橫為直蝦身長也故以退為進其行止並與水族相反造物主經營萬象而至於介虫之蝦蟹伸之使長則為蝦揉之使短則為蟹遂令千萬年永為定格不令世有短蝦長蟹兩失真也客閩以來得見縮頭之蝦尚未足以抗蟹及覩拖尾之蟹適正可以論蝦其蟹產福寧海濱小僅如豆處陸與蟹無異在水則伸臍斂足直行而游如蝌蚪狀其色背青而蚶足黃牧兒捕得試於盤中甚怪建寧志載有直行蟹殆其類歟予謂可以助吾蝦蟹共體之說故錄蝦蟹交接之間自茲以還蝦與蟹慎毋曰異體而不親

拖臍蟹贊

蟹臍斂腹　種類相襲
拖尾變形　噬臍何及

【拖脐蟹、长眉蟹、虾公蟹】

虾蟹同源，合体异名

《海错图》有一部分集中画虾，另一部分集中画蟹。在虾部和蟹部的衔接处，聂璜画了一种介乎虾蟹之间的动物。

予著蟹譜原謂蝦之與蟹合體而異名者也所以蟹之背即蝦之頭蝦之身即蟹之臍也故蟹黃在背而

一 在陆为蟹，在水为虾

聂璜客居福建的时候，在海滨见到一种小如豆粒的动物。当地孩子抓了一些放在盘子里玩儿，聂璜凑过去细看，似乎是超级迷你的螃蟹。但一钻进水里，它们就“伸脐敛足直行，而游如蝌蚪状”，即把蟹脐展开，向后平伸呈蝌蚪尾状，步足收缩，靠蟹脐上的游泳足划水前进。这模样又像极了虾。

聂璜将其命名为“拖脐蟹”，认为这是一种介于虾和蟹之间的物种。《海错图》有一部分集中画虾，另一部分集中画蟹。聂璜特意把拖脐蟹画在了虾部和蟹部的衔接页，以示其过渡关系。并且写道，这种动物可以验证他的一个想法：虾蟹共体之说。

二 虾蟹共体之说

在撰写更早的一部著作《蟹谱》时，聂璜就产生了这个想法。他观察了很多螃蟹后，发现虾和蟹的身体结构太相似了：“蟹之背即虾之头，虾之身即蟹之脐也。故蟹黄在背，而虾膏亦在脑，其目突眦，亦正相等……其蚶（钳）、爪、髯、足亦仿佛相似。”所以他推测，虾和蟹应该源于同一家

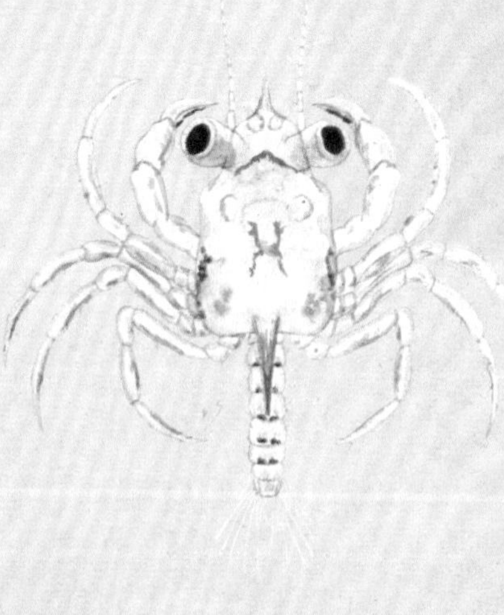

蟹的大眼幼体，即『拖脐蟹』

从海中登陆，成群向内陆洄游的圣诞地蟹大眼幼体

族，是造物主造物时，将同一原型做了不同的改动，“伸之使长则为虾，揉之使短则为蟹”。

这番论述，说明聂璜已经有了现代动物形态分类学的思想。虽然虾和蟹乍一看完全不同，但聂璜意识到，二者的结构本质上是相同的，只是形状稍有变化。比如蟹脐，就是一个变扁后折叠到身下的“虾尾”。若把蟹脐人为向后展开，那蟹看起来就像一只被拍扁的大虾了。而且聂璜不光看外形，还观察到了内脏（蟹黄、虾膏）的相似性。这就是科学的眼光。今天看来，他的判断没错，虾和蟹确实同属一个家族——节肢动物门软甲纲的十足目，共同特征是都有10条步足。

聂璜所见的“拖脐蟹”，也确实能证明虾、蟹同属一宗。但它并不是虾、蟹的过渡种，而是蟹在发育中的一个阶段：大眼幼体。水生蟹的卵会先孵化成无节幼体，然后是蚤状幼体，模样就像刺儿头的虾苗，腹部细长如虾身，浮游在水中。再长大点儿就变成大眼幼体，这时它从浮游改为爬

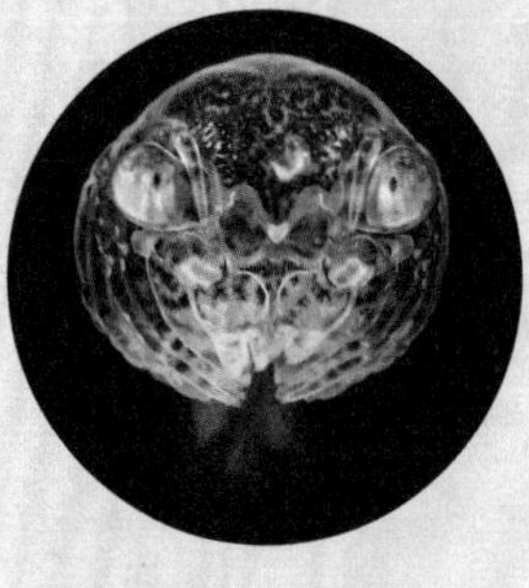

一只冲着摄影师游泳的蟹的大眼幼体。它正缩起步足，用蟹脐上的游泳足划水。这就是聂璜所说的『伸脐敛足直行，而游如蝌蚪状』

行，腹部开始往蟹脐形态过渡，爬行时叠在身下，游泳时张开，像虾一样用游泳足划水。再长大，就叫幼蟹了，腹部一直叠在身下不再张开，成为彻底的蟹样（注：陆封蟹类的无节幼体和蚤状幼体在卵中发育，孵出来直接就是大眼幼体或幼蟹）。一些洄游蟹类，如中华绒螯蟹和圣诞地蟹，大眼幼体会爬上岸，聚集在河口、海滨，向内陆淡水进发。这时它们小如绿豆，容易被捉到。聂璜笔下小孩子抓来玩的“拖脐蟹”，就是这个阶段的螃蟹了。

动物的幼体形态，往往有祖先的影子。蟹的幼体告诉我们，蟹的祖先是虾形的。其实，虾形是十足目的基本形态。目内各物种就是在这个“基本款”上做各种调整。只要是经常游泳的类群，再怎么变，也不会脱离虾形。因为那修长的腹部，就是为了容纳游泳所需的泳足和肌肉的。

但若是一个类群改为底栖爬行，那肥美的腹部不但发挥不了游泳功能，还会勾起天敌的食欲。所以，很多底栖类群的腹部就逐渐变扁、变小，叠在身体下面。步足的发达又导致头胸部比例增大，也就成了蟹形。生物学上对此有个专有名词——“蟹化”（Carcinization）。十足目里最典型的蟹化类群，就是短尾下目和异尾下目。短尾下目就是正宗的螃蟹，异尾下目包含了寄居蟹、椰子蟹、餐厅里高档的“帝王蟹”（堪察加拟石蟹）、铠甲虾，还有《海错图》中的另一种小蟹——“长眉蟹”。

长眉蟹 ㊂

聂璜发现，在渔民捕捞的小虾里，常混有一种小蟹，浙东海乡的人叫它长眉蟹。一般的螃蟹，触须都极短。长眉蟹却有两根细长如眉的须子，聂璜认为它可以代替眼睛的功用，因为“他蟹皆有目，此蟹独无目……或以须为目，未可知也”。他还写道，长眉蟹“二螯亦较巨，须下又有二毛爪，似取食入口之具”。配合着图一看，显然是瓷蟹科的物种。瓷蟹不是螃蟹，是异尾下目铠甲虾总科的，铠甲虾基本都是“半蟹化”的形态，样子像把腹部叠到身下的小龙虾。而瓷蟹科是铠甲虾总科里最蟹化的。

《海错图》里的『长眉蟹』

長眉蟖贊

蟖不永年長眉難覯
介虫得此以介眉壽

中国东南沿海的礁石下经常能翻到瓷蟹，看上去几乎就是个扁平的小蟹，但把它的“蟹脐”翻开来，会发现末端还保留着尾扇，提醒我们它并不是螃蟹，而是蟹化的铠甲虾。瓷蟹和螃蟹的另一区别，就是除了钳子，只有6条步足。最后两条步足退化成小棒，隐藏在头胸甲边缘。聂璜在此处画得不对，他画了8条步足，估计满心以为这是螃蟹，就没细看，按螃蟹的腿数画了。聂璜还错了一处：他说长眉蟹无目，其

中国东南沿海礁石区最常见的瓷蟹——哈氏岩瓷蟹。可见其两根修长的触须

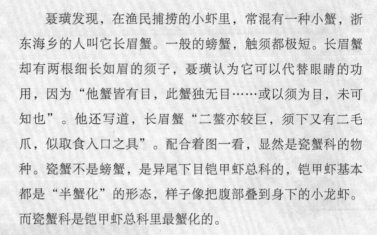

实瓷蟹是有眼睛的，只是眼柄很短，看着不明显。

除了这点儿小出入，其他特点都能证明长眉蟹是瓷蟹。小圆身子、大扁钳子、两根长须，是标准的瓷蟹风韵。最妙的是那句“须下又有二毛爪，似取食入口之具”，这说的是瓷蟹标志性的梳状附肢。在水下，瓷蟹只需站定一处，展开两把“梳子”，一抓一收，就把水中的微小生物送进口中。

瓷蟹被抓住后，足极易脱落。早期学者叹其如瓷器般易碎，故命名为瓷蟹

铠甲虾的英文名『squat lobster』常被译为『蹲龙虾』，其实这里的squat应取『矮胖』之意。虽然大部分人对铠甲虾很陌生，但它在海中是极繁盛的家族，在深海甚至成为甲壳类的主力

瓷蟹的口旁有两条附肢，长满细密的长毛，在海中张开，滤取水中的食物，即聂璜所说『须下又有二毛爪，似取食入口之具』

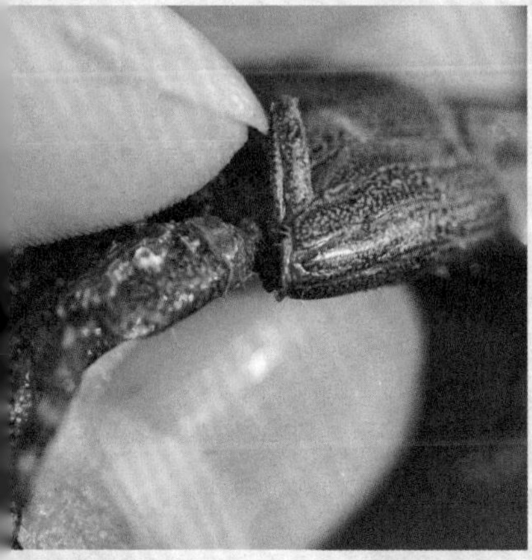

瓷蟹的最后一对步足退化成了短棒状

展开瓷蟹的『蟹脐』，可看出其明显的『虾尾』特征，末端的尾扇还存在

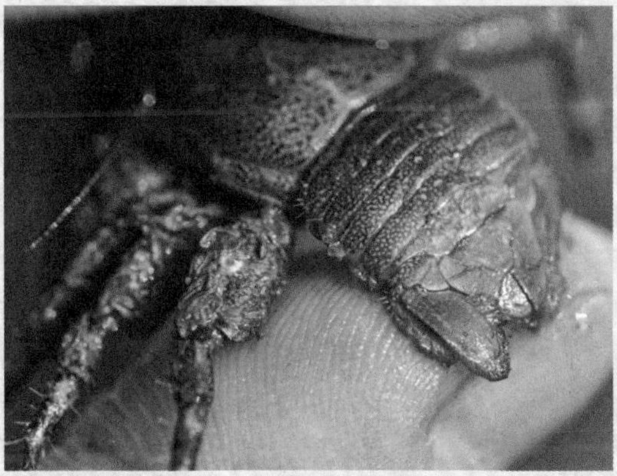

四 蟹以虾名

似乎是觉得一个拖脐蟹不足以揭示蟹和虾的关系，聂璜在拖脐蟹旁又画了一种“虾公蟹”。此蟹更奇怪，“背绿而螯黄，后足扁如蟳，颈上有坚刺一条如锯，一如虾首之所有无异，故以虾公名。周壳一圈皆尖刺，与他蟹不同”。这可难住我了，一只蟹，竟有虾一样的额剑！看画中形状，加上“后足扁如蟳”，似乎是某种梭子蟹。台湾的蟹类学者施习德认为，这是异齿蟳（*Charybdis anisodon*），但异齿蟳只符合背壳绿色、梭子蟹体形，并没有“周壳一圈皆尖刺”，更没有锯齿状的独角。施先生只能以“中间那个长额是非天然的”来解释。但我觉得有点儿牵强。非天然的，就是人为的，那证据在哪里？谁给螃蟹安的角？目的是什么？毫无记载。

我认为有三种可能。第一，聂璜是道听途说的，压根儿就没这么个东西。但可能性较小。因为他说此物产自“瓯之

蟳畫則續以蝦蝦畫則繼以蟳雜乎其為繼
續矣乃有蟳以蝦公名者介召乎其間是蝦
背綠而螯黃後足扁如蟳頸上有堅刺一條
如鋸一如蝦首之所有無異故以蝦公名週
殼一圈皆尖刺與他蟹不同甌之瑞安銅盤
山麓海濱產此漁人偶得之亦不多覯訪之
福寧云亦有蝦公蟹
蝦公蟳贊
蟳本是蟳蝦本是蝦
蟳冒蝦形混成一家

瑞安铜盘山麓海滨”，即今天浙江瑞安市的铜盘岛。瑞安、温州一带是聂璜早年写《蟹谱》的地方，当时他观察到很多新奇的海蟹，就将其一一画下来，后并于《海错图》中。虾公蟹很可能就是当时画的。聂璜的蟹普遍写实，基本都是他照实物写生的，所以虾公蟹不太可能完全出自臆造。

第二，有人确实见过虾公蟹，给聂璜描述过外形，但描述中有失真。或者聂璜亲眼见过虾公蟹，但没有拿回标本，只是凭印象画出，造成失真。若是如此，那原型有可能是窄小并额蟹（*Tiarinia angusta*）。这种蟹体色不稳定，加之经常附着藻类，躯干大多是绿色，可能会有螯是黄色的个体，对应“背绿而螯黄”，而且符合“周壳一圈皆尖刺”和“颈上有坚刺一条如锯”。不符的是“后足扁如蟳”，身体轮廓也不像画中那样是梭子蟹形。不过，这些都在描述失真可允许的范围内。能符合这么多特征，已经够不错的了。

第三，聂璜画的完全属实，但这种蟹尚未被现代科学家发现，或已经灭绝。如果它还存活，以今天的科研水平和捕捞技术，未被发现几乎不可能。已灭绝呢？聂璜的时代到今天已经几百年了，中国海洋的生态、海岸线环境发生了极大的变化，确实可能有一些生物在科学家发现之前就灭绝了。聂璜记载虾公蟹的分布地非常具体，只在瑞安铜盘岛（注：聂璜听说福建也有虾公蟹，但无实证，不足为据），即使在当时，也是“渔人偶得之”，说明此蟹在康熙年间就分布地狭窄，数量稀少。那确实也很容易在几百年间灭绝。

虾公蟹的真身，恐成为悬案。但聂璜对虾和蟹的敏锐观察，闪耀着超前于他所处时代的光辉。

窄小并额蟹或其近缘种，可能是虾公蟹的原型

張漢逸曰福建惟泉州多龍蝦吾福寧州無有也順治乙酉閩中尚未賓服明唐藩奉弘光年號監國省城二月間忽有海上大蝦随風雨而至漁人捕得而鬻於市州人並稱為龍其狀頭如海蝦身匾濶如琴蝦狀兩粗鬚長於其身前挺如角中空而外有疊折如撮紗紋蚶爪亦小弱重可斤餘時予童年塾師即此命對曰龍蝦隨雨至予未能對先父買此蝦懸於高甑蒸之而剔其肉味亦腴活時蝦殼黑綠熟即大赤可玩亦效泉人爲懸燈紅輝爛然自此見後康熙甲寅漁人亦舉網得之其狀無異兩見之後絕無聞也因為予圖并屬予品論予曰龍鬚名無碍所當之處山岳為崩鐵石為糜而頭角崢嶸爪牙更利所向無敵今此蝦蚶脚纖細牙爪無威但鼓彼雙鬚強代二角欲充無碍而直豎乎前匪但龍不成龍而蝦亦不成蝦升蟠兩難進退維谷矣且聞尾大者不掉踵反者難行是蝦鬚若戟而過於其身跋前疐後動輙得咎其能興雲致雨掣電驅風澤及萬方橫行四海得乎乃一見於乙酉再見於甲寅適當變亂之候無怪乎唐藩之不克振耿逆之身死名滅為天下僇笑物象委靡早已兆端矣張漢逸曰然

【空须龙虾、龙头虾、大红虾】

有虾称龙，头角峥嵘

龙虾在今天是高档海鲜，但在古代少有记载，也不入画，所以聂璜在《海错图》里画的几只龙虾就很珍贵了。

空鬚龍蝦贊

有蝦鬚空
亦冒稱龍
有名無實
兩現海東

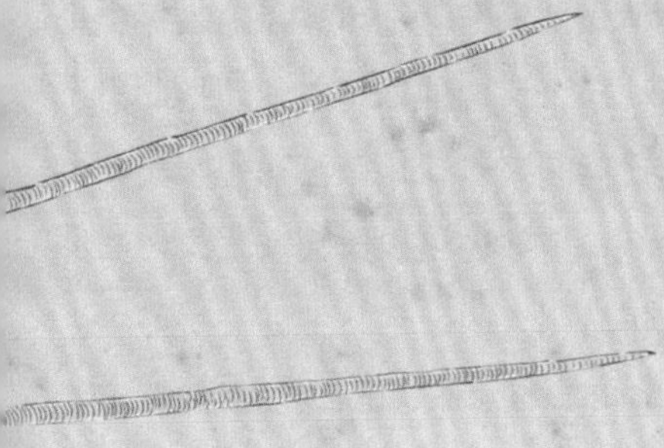

龙虾预示明朝灭亡？

一

人们总是认为，罕见的动物突然出现，是天下大变的预兆，比如“麒麟现，圣王出”“太华之山有蛇焉，名曰肥遗，六足，四翼，见则天下大旱”。但“龙虾出现预示着明朝灭亡”，你听说过吗？肯定没有。因为这是一段仅记载于《海错图》的故事。

聂璜的朋友张汉逸，久居福建，常和聂璜谈论海物。一次谈到龙虾时，张汉逸谈起他在明清易代时亲身经历的往事。

当时的福建，只有泉州产龙虾，张汉逸所在的福宁州不产。顺治二年（1645年），闽中地区还未被清朝征服，南明的唐王朱聿键在这里建立了小朝廷，年号隆武。二月，忽有海上大龙虾随风雨而至，渔人捕得售卖于市，当地人极少见到这种虾，因此引发了轰动。张汉逸的私塾老师还据此出了个上联“龙虾随雨至”，让大家来对，但张汉逸想了半天也没对出下联。张父买了此虾，蒸熟剔出肉给大家吃，“味亦腴”。吃完后，张家还效仿泉州人的习俗，把虾壳拼好，内置灯火，悬挂起来，就成了精美的龙虾灯，“红辉烂然”。

29年后，康熙十三年（1674年），福宁州渔人又网到了这种龙虾，和当年一模一样。之后，福宁州就再也没出现过龙虾。张汉逸觉得此事不简单，背后可能有些道理，希望聂璜给分析分析。

亲自见过、吃过龙虾的张汉逸，为聂璜画下了它的样子。聂璜是没见过龙虾的，只能研究这幅图：“其状头如海虾，身匾阔如琴虾（虾蛄）状，两粗须长于其身，前挺如角，中空，而外有叠折如撮纱纹，蚶（钳）爪亦小弱，重可斤余。”一般的虾都是须子细，钳爪大，可龙虾正好相反，爪子小，须子却极粗。粗归粗，却是空心的。聂璜想了想，感慨道：“我听说龙的须子名叫‘无碍’，碰到山岳，山岳崩塌；碰到铁石，铁石成泥。除了须子，龙还头角峥嵘，爪牙更利，这才能够所向无敌。而此虾钳脚纤细，牙爪无威，唯独把双须鼓成空心的，直竖冲前，硬充龙须，搞得自己龙不成龙、虾不成虾，进退维谷了。而且这虾须直挺挺的比身子还长，走路都碍事，还怎么像龙一样兴云致雨、泽及万方？”

龙虾出现的两个时间点也非常微妙，第一次出现于1645年，那年清军都占领南京了，南明弘光朝还忙着党争，仅存在8个月即覆灭。接替的隆武朝在福建号称抗清，却无建树，次年覆灭。第二次出现在1674年，耿精忠在福建响应吴三桂叛乱，举旗反清，但没打败清军，反而杀害了受民爱戴的汉官范承谟，手下兵士还劫掠百姓，导致民怨沸腾。两年后，耿精忠就成了“三藩之乱”第一个投降清军的藩王，后被康熙凌迟处死。

腐败的南明小朝廷和拎不清自己分量的耿精忠，没能耐却端着架子喊打喊杀，最后落得个“龙不成龙、虾不成虾”的下场，这不和外强中干的龙虾一样吗？聂璜认为，龙虾正好在这两个时间点出现，也难怪隆武帝不能振兴南明、耿精忠身死名灭了。看来，龙虾的出现，就是明朝彻底灭亡的预兆啊！聂璜对张汉逸感叹：“物象委靡，早已兆端矣！”张汉逸只回了一个字：“然。”

对这两位历史的亲历者而言，很多事不必多说。

龙头虾和大红虾 二

张汉逸所绘的，是哪种龙虾呢？从他记录的“活时虾壳黑绿，熟即大赤”等描述来看，应该是中国龙虾或者波纹龙虾。这两种龙虾是福建海域最常见的种类，身体也大部分是黑绿色。第二触角极粗壮且空心，也是龙虾科的特点。

聂璜没见过龙虾，只能从书籍和熟人处继续打听消息。一些人把龙虾称为“龙头虾”，使得聂璜误以为“龙头虾”是和“空须龙虾”不同的东西，于是在《海错图》中又画了一幅“龙头虾”。聂璜先是看《泉南杂志》云：“虾有长一二尺者，名龙头虾，肉寔有味。人家掏空其壳，如舡灯，悬挂佛前。”这和张汉逸的“空须龙虾”是一个玩法，但没有描述虾的外形。正好聂璜遇到一位叫孙飞鹏的，他来自龙虾的产地——泉州，为聂璜描述了龙头虾：“其首巨而有刺，额前有一骨如狼牙，上下如锯而甚长。两蚶（钳）亦多细刺，双须亦坚壮。其余身足皆与常虾同。……在水黑绿色，烹之则壳丹如珊瑚，可爱。”这段话提到的其他特征都明显是龙虾，但“额前有一骨如狼牙，上下如锯而甚长”就怪了。龙虾并没有其他虾那样的“额剑”，更不可能有像画

《海错图》中的「龙头虾」

中国龙虾曾是福建海域的优势种，有青色型和红色型。图为青色型，『空须龙虾』和『龙头虾』很可能是它

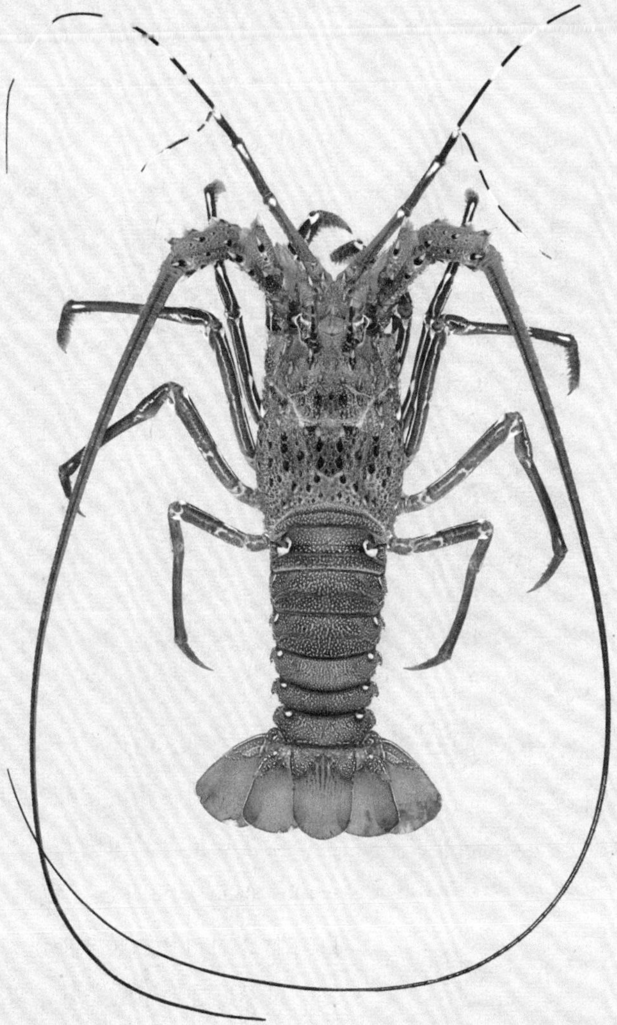

中那样和须子一样长的。不过，另一位姓陈的泉州人给聂璜提供了一个较合理的解释：“虾额前长刺，在水分为两条，即入网，活时亦能弹开其刺，以击刺人。毙则合而为一，其实两条长刺也。”看来，所谓额前长刺，其实是龙虾的第一对触角，出水死后黏成一股，看上去像一根大刺。龙虾被捞出水后，也确实会用触角刺人，同时发出吱吱的叫声。

《海错图》中的『大红虾』

《海错图》中还有一种“大红虾”。聂璜明显没见过，用的都是其他古籍的记载。如《本草》：“大红虾产临海会稽，大者长尺，须可为簪。”聂璜想象着画了一只对虾状的大虾。但再大的对虾，须子干燥后也是触之即断的细丝，只有龙虾的粗壮触角才能做簪子，所以这“大红虾”还是龙虾，只不过是熟了的龙虾，或者红色型的中国龙虾。

龙虾罕见的原因 ㊂

如今的福建，市场上到处都是龙虾。为什么聂璜在福建住了那么多年，却一只龙虾都没见过？不仅他没见过，福宁州百姓也没见过，不然也不至于把龙虾的出现当作凶兆了。这种罕见，使得龙虾在古籍中往往被以讹传讹，变得夸张。明代的《五杂俎》载：“龙虾大者重二十余斤，须三尺余，可为杖。”一根虾须能当拐棍，已经很夸张了吧？别急。唐代的《岭南异物志》云：“南海有虾，须四五十尺。”

一根须子有十二轮大卡车那么长。最登峰造极的是《南海杂志》："商舶见波中双樯遥漾，高可十余丈，意其为舟。长年曰：非舟，此海虾乘霁曝双须也。"太离谱了！大龙虾把30多米的须子伸出海面晒太阳，一根须就顶一头蓝鲸那么长，能把奥特曼戳死。当然，换个角度想，也是极浪漫的传说。以后要是有中国自己的海怪题材电影，如此壮丽的巨虾一定要安排进去。

龙虾罕见的原因，在于它特殊的栖息环境。龙虾喜欢暖水，还专在海底复杂的礁石洞穴中躲着，这二者就限制了它的分布。即使古代渔民到了这种海区，普通的撒网、垂钓也难以抓到它。加上龙虾在中国古代的地位远远没有今天高，也就没什么人特意去抓了。不过从近代开始，龙虾逐渐成了高价海鲜，抓它的方法也多了起来。1975年，厦门水产学院调查了当地渔民抓龙虾的方法，都挺有趣。

龙虾喜欢藏在海底水平的礁石洞里，常常一穴多只

1. 龙虾罾（音zēng）。在一条长绳上隔一段拴一根线，线上垂挂两根细竹，十字撑开一个网兜。里面放上小鱼作饵，沉到岩礁区，隔段时间收绳子，网兜里就会有龙虾。水产学院的师生学习了这种方法，两个半小时抓到了16只龙虾。

2. 沿仔绫。在岩礁区边缘围上半圈刺网，网的下缘沉到海底，上缘被浮漂拽着，相当于给岩礁区围了半圈“工地围挡”。网丝很细，龙虾在礁石上爬行时，脚爪会缠到网上。

3. 延绳钓。在一条长绳上隔一段拴一根线，线上垂挂鱼钩和饵，让龙虾直接咬钩。过段时间收线。

4. 徒手抓。夏天退大潮时，水位变得特别浅。渔民在礁石周围用脚探索，一感受到龙虾触角碰到自己的脚，立刻潜水把龙虾从石缝里拽出。水性好的还能潜到更深的珊瑚礁，看到哪块珊瑚下伸出两根龙虾须，就一把薅出来。

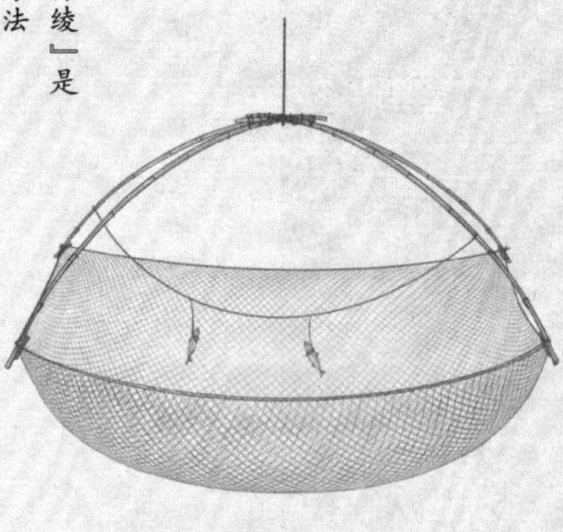

『龙虾罾』和『沿仔绫』是两种传统的捕龙虾方法

『龙虾蟹篓』是广东潮州木雕常见的题材。既有海乡风情，又能体现雕工精美

虾笼诱捕是现代捕捉龙虾的常用方法

今天，龙虾的捕捞也多是靠潜水员徒手捉或用虾笼诱捕等方法。这样做几乎不会伤害其他海物，算是友好的捕捞方式。我看过世界自然基金会写的一本《海鲜消费指南》，里面把大量海鲜都列为“谨慎食用”或“减少食用”，理由有种群濒危、网具破坏海底、捕捞方式不可持续、容易累积毒素等，看完之后我都觉得没啥能吃的了，就算这样，这个指南还是把龙虾（尤其是澳洲龙虾）列为推荐食用。除了捕捞方式对环境友好，还因为龙虾属于食物链底层，不易富集毒素，两三岁就性成熟，产卵多，资源恢复速度快。

听上去真不错。问题是，你推荐我食用了，我的存款不推荐啊！

刺螺贊

惟石巖巖
有螺如蝟
執之棘手
其栗惴惴

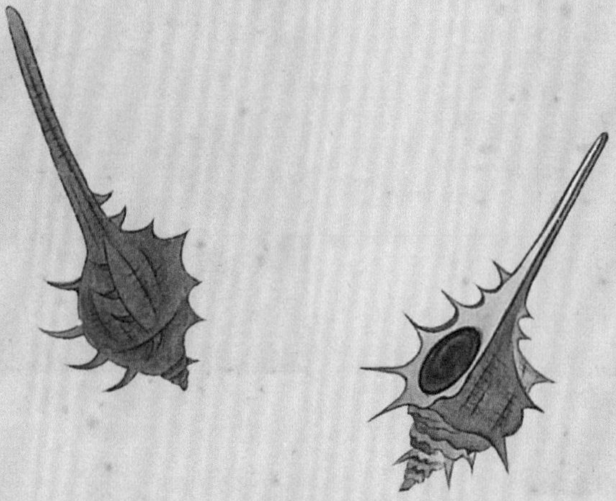

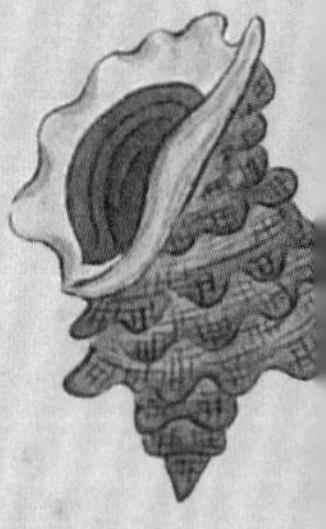

簪螺贊

簪螺滿握白質紫紋
誰為巧織龍女經綸

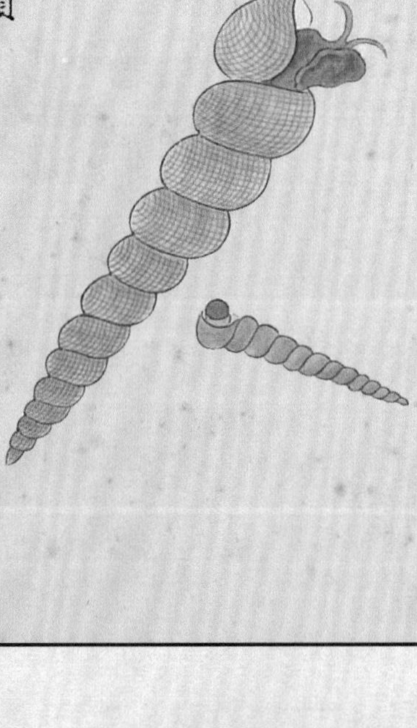

【刺螺、蓼螺、黄螺、短蛳螺、白蛳、铁蛳、铜蛳、手掌螺、簪螺、蛇螺】

唧咋寻味，美在其中

小海螺们怎么也不会想到，它们精心演化的外壳，竟成了海边人解闷小食的容器。

满壳皆刺 一

我在深圳的海鲜摊位上，遇到过卖浅缝骨螺（*Murex trapa*）的。看上去有点儿暴殄天物——这么精致的螺，怎么就给吃了呢！每个螺都有个细长的柄，贝类学名词叫“前沟”，手正好可以拿着这里，转着圈端详它。它每一螺层有3条纵肿肋，每条肋上都长了弯曲的尖刺，让我想起白垩纪的戟龙。我猜很多人吃完后，一定会把壳收藏起来，这样就不算暴殄天物了。在民间，浅缝骨螺俗称刺螺。本来海边人是不屑于吃的。聂璜说：“其性刚，肉不堪食，海人取之，但充玩好而已。”当时也有些人找到了吃法：“其肉煮熟切碎，重煮自软，味亦清美。”不过现代人吃刺螺，只是连壳用水煮个10分钟就行，蘸蒜醋吃，和一般的螺没啥区别。大概是现代人对海鲜的标准降低了。

浅缝骨螺还有个亲戚，就叫骨螺（*Murex pecten*），别名好听：维纳斯骨螺。它的刺更密、更长，被比作维纳斯的梳子。这些骨螺的刺有什么用，至今都没有定论。有人发现它们生活在泥沙质的海底，唯有爬行时接触沙的那一面没有刺，于是猜测这些刺向两侧平伸，可以减小压强，避免螺陷进沙子里。但我不认可。陷进沙子里又如何？很多螺都是埋在沙里生

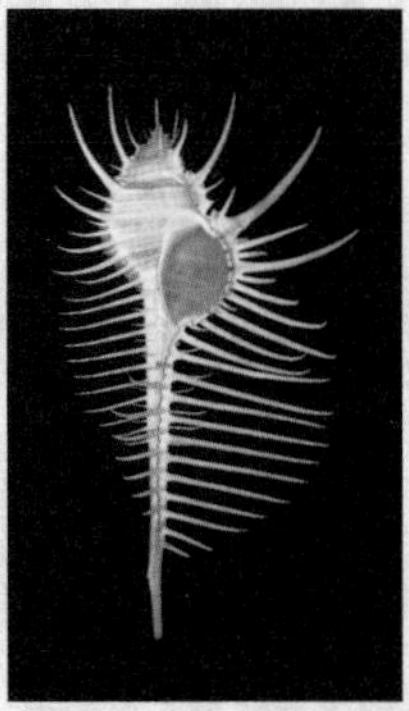

骨螺是著名的观赏海螺，被比作维纳斯的梳子

深圳海鲜市场上的浅缝骨螺

活的，没见谁憋死，想出来随时可以爬出来。而且骨螺科还有一些种类，如泵骨螺、直吻泵骨螺也生活在沙质底，刺就很少，甚至没刺。相反，各种棘螺属的骨螺，生活在比较硬的岩礁质海底，没有下陷之虞，却长了很夸张的棘刺。第二种假说：刺突能以极小的成本扩大螺壳的大小，本来螺没多大，但长了刺以后，鱼想把螺咬碎，要张很大的嘴才行，这就让很多鱼放弃了取食。这个说法还靠谱点儿，如果是我的话，会再给这个假说添点儿砖：刺会扎疼鱼嘴，鱼就算有个大嘴，被扎后也可能放弃。这个作用甚至可能是最重要的。还有，所有的刺都长在纵肿肋上，这种肋的一大作用是加强壳的坚固度，肋上再长刺，可能是一种双重的加固。

螺亦苦辣 （二）

骨螺科中还有一微型成员，大众对其接受度就高多了。一说名字，南北地区的海边几乎人人皆知：辣螺。辣螺还有个古名叫蓼螺，蓼是有辣味的野草，都是一个意思。聂璜评价："物生海中，以咸为常。独尔味辛，螺中之姜。"

聂璜画的辣螺，壳上布满疣突。今天你去市场上看辣螺，也是这个样子，但细看会发现里面常夹杂着好几个种类。较多的是疣荔枝螺，还有些螺口里发黄的，是黄口荔枝螺、爪哇荔枝螺等。像聂璜画的这种疣突格外发达的，应该是瘤荔枝螺（*Reishia bronni*）。这几种螺常混居在礁石上，渔民也不加分辨，一起采了。采下来后，最简单的做法就是扔开水里，加姜片、料酒，一沸而出。我在福建东山岛吃过，普通的店家端上来时附几根牙签，挑肉用。用心的店家会把牙签换成掰开一个边的曲别针，用过才会发现这个工具有多奇妙：不但比牙签结实百倍，还能随心窝成各种角度，深入螺内，往外钩肉时，还利用了金属的弹性和杠杆原理，非常省力，手指一抖就出来了。捏着曲别针未变形的部分，

厦门海鲜市场的瘤荔枝螺，正纷纷逃出水槽

蓼螺赞
物生海中以鹹為常
獨爾味辛螺中之薑

《海错图》中的『蓼螺』

也比捏牙签要舒适许多。用曲别针吃荔枝螺，竟然是手的一场游戏，没试过是想象不了的。

手享受完，就是嘴享受了。荔枝螺的独到之处是回味带苦带辣（有些地方也叫它苦螺），听上去不好吃，实际能令人上瘾。蘸上酱油和醋，再加上螺肉的鲜甜，酸甜苦辣咸竟全在这一口螺里，难有食材能到此高度。荔枝螺喜欢成群出现，海民一次往往采到大量，吃不完就腌起来。聂璜记载的腌法和今人无异：“擂碎其壳，取肉腌之。不假椒料，自然可口。”他的朋友张汉逸更是美食家，教给聂璜：冬天时要先用淡盐腌，滤去出汁，油煎，再下重盐继续腌，经时可口；夏天容易腐败，薄腌后尽快吃掉为妙。

被吃的荔枝螺们固然不是善终，但也死得够本儿了：它们活着时，也在天天吃海鲜。碰到礁石上的贝类、藤壶，荔枝螺就用吻部在它们壳上的缝隙等薄弱之处分泌酸液，打个洞，把齿舌钻进去刮吃其肉。有种荔枝螺吃牡蛎苗子格外厉害，以至于被命名为“蛎敌荔枝螺”。牡蛎养殖户视荔枝螺为敌人，但养鲍鱼的反而有时会在网箱里放一些荔枝螺，它们可以吃掉影响鲍鱼生长的其他附生贝类，且不会伤害鲍鱼。

有些荔枝螺更上一层楼，“报复”了吃它们的人类。聂璜说：“（蓼螺）极辣者亦令人口麻。”意思是有些荔枝螺个体会令人口周麻痹。这是轻微中毒的表现。现代医学更是记载了一些严重案例。20世纪90年代以来，江苏连云港市多次发生食用荔枝螺致死事件，表现为下行性神经麻痹症状，也就是说从上往下依次开始麻：先是唇舌发麻，然后手麻，继而下肢麻，说不清话、站不稳，如同大醉。最严重者呼吸肌麻痹，窒息而死。从死者食用的荔枝螺里检测出了麻痹性贝毒，这是毒性极大的毒素，根源在海水中的有毒藻类。在藻类暴发的季节，贝类体内富集了这些藻类，导致带毒。夏季赤潮发生时，吃螺中毒的概率最高，但即使在带毒季节、带毒水域，每批螺的毒性也会不同，难有规律可循。《海错图》中有一种“黄螺”，聂璜就记载它“涎有毒秽，岁时必有一二人中而毙者”，看外形，可能是某种蛾螺。还有一幅“短蛳螺”画的是织纹螺类，也是今日不时致人死亡的角色。聂璜的时代，吃螺而死者凤毛麟角。可今日的海洋被空前地排入大量废物，养育了一波又一波毒藻。市场监管部门只能在毒藻暴发季节暂停某些高危螺类的销售，甚至彻底禁食某些螺类。

《海错图》中的『短蛳螺』，其壳甚坚，螺口有宽而润的唇，螺身有很多棱和横带纹。这是典型的织纹螺科特征。织纹螺本是市场常见的小海鲜，但近年来发生多起食用致死事件后，被多地禁食

短蛳螺赞
似蛳非蛳
蛳中之螺
春月海塗
繁生甚多

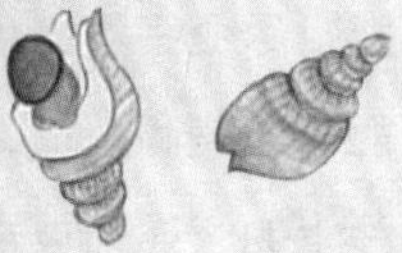

黄螺赞
海底潜藏
誘以餌香
悮投世網
利鎖名繮

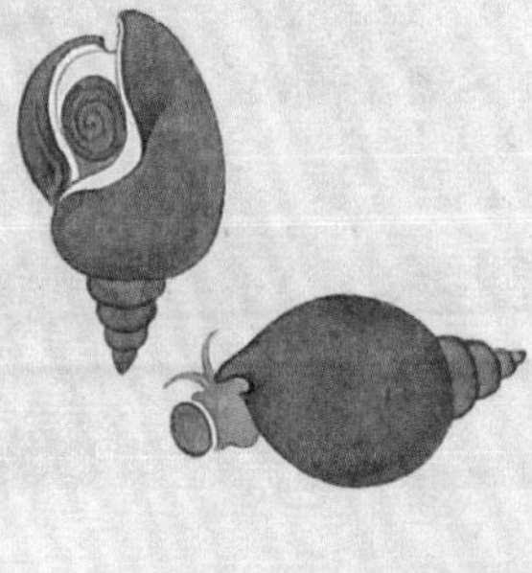

《海错图》中的『黄螺』，据聂璜记载，福建长乐海中最多。渔人用长绳系竹筐数十个，内置病死的猪狗尸体，放到海底。黄螺喜食尸体，闻到臭味就钻出沙来爬进筐，渔人举筐，满载而归。闽人将其作为夏季时令海鲜来款客，每年必有一二人中毒而死。这应该就是中了麻痹性贝毒。『黄螺』可能是某种蛾螺

滩涂海蛳 三

内陆人来到海边市场，看到一盆盆细长如钉的海螺，常会大呼小叫：“哇！这个是不是钉螺，是不是有血吸虫？”其实有血吸虫隐患的钉螺是淡水螺，而且很短，像个短短的螺丝钉。而海边人吃的那些如长钉的，是其他的海螺。

聂璜画了好几种这样的海螺，根据壳色取名为白蛳、铁蛳、铜蛳。其中白蛳比较好认，白色的壳和弯曲的一条条纵肋，加上“产江浙海涂”，基本可确认是江浙滩涂的常见种：中华拟蟹守螺（*Cerithidea sinensis*）。聂璜是杭州人，他说在他家乡，这是著名的时令食品：“三四月大盛，贩夫煠熟去尾，加香椒，鬻于市。吾杭立夏，比屋以焰烧新豆、樱桃、海蛳为时品。然五六月后，则海蛳尽变，不但化蟹，并能为小蜻蜓鼓翼飞去。”螺当然不能变成蟹和蜻蜓，只是因为五六月后过了这类螺的产季，滩涂上的空螺壳被寄居蟹入住，古人就以为这类螺能化为蟹。至于说螺还能化为小蜻蜓，则是因为夏季这类螺少了，而蜻蜓多了起来，人们就以为螺化为了蜻蜓。这是中国古代化生说的一种常用思路。

手掌螺赞
莊生一指
天地可想
螺意難言
示諸其掌

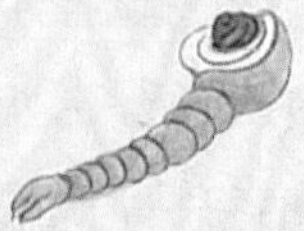

《海错图》中有一幅颇似海蛳类生物的『手掌螺』，聂璜的注解是：『金黄色，尾后岐，如伸指掌。』螺尖分为三爪，奇特至极，我没有找到现生螺类有此结构者

『簪螺』所属的锥螺科成员，至今仍是受欢迎的小海鲜

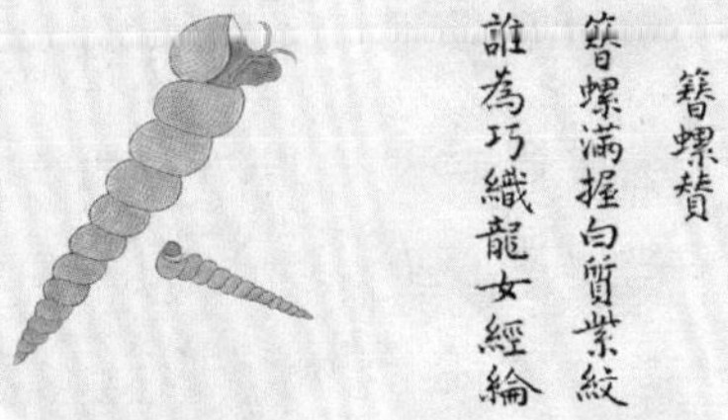

《海错图》中的「簪螺」

至于铁蛳、铜蛳，特征不明显，可能是其他拟蟹守螺属或滩栖螺科的物种。聂璜说产于温州、台州的铁蛳，味道和杭州白蛳不相上下，产于福建的则不佳。铜蛳则被他彻底否定：“味苦不堪食。”

《海错图》中的「白蛳」

《海错图》中的「铁蛳」

《海错图》中还有一种更长的海螺，名曰“簪螺”：“似海蛳而长，亦曰长螺。小者一二寸，多紫色。大者三五寸许，白质紫纹如织。食法俱同海蛳而性寒，非多加姜、椒，必致大泄。产闽中海滨。”这是锥螺科的棒锥螺（*Turritella bacillum*）。至今在福建市场上，它还是受欢迎的螺种。对海边人来说，这些小海螺都是喝酒时的最佳零食。吃前必须敲去螺尖，这样，人在螺口处“唧咋”一嘬，空气才能从螺尾断口处钻入，把螺肉顶出来。否则再怎么嘬，肉都出不来。日本人也爱吃这些螺，他们比中国人多了个办法：日元的五元硬币中间有个圆孔，跟铜钱似的。吃螺时，有些家长会给孩子一枚五元硬币，孩子把螺尖插进圆孔，放在桌上，一按硬币，螺尾就断了。于是孩子成了嘎嘣嘎嘣压螺尖的“童工”，干完活儿，这五元钱就是给孩子的报酬。

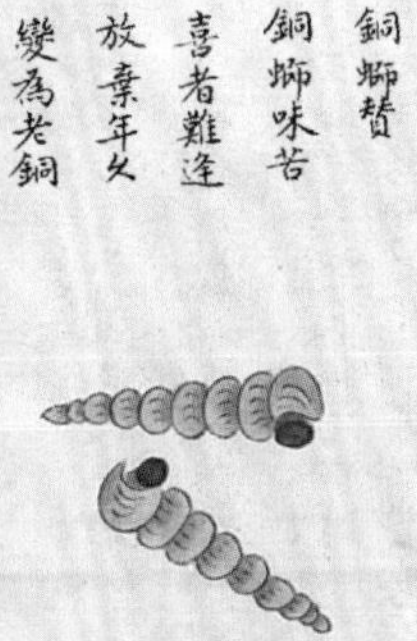

《海错图》中的「铜蛳」

煮这些小螺，时间不能太长，火不能太旺，否则肉一缩紧，即使断了螺尖也嘬不出来。金代《食物本草》对此的描写，可谓字字珠玑，古今可通而用之：“治以盐、酒、椒、桂烹熟，击去尾尖，使其通气，吸食其肉。烹煮之际，火候太过不及，皆令壳肉相粘，虽极力吸之，终不能出也。”聂璜为小螺们作赞曰：

唧咋寻味，
美在其中。
咀唔难出，
必然不通。

四 螺内有蛇

《海错图》中还记载了一种可做小食的螺，看上去极为独特，名曰“蛇螺”：“壳匾而绿，产闽中。系海岩石壁上生成，取者以凿起之，始落。肉状如蛇头，有目有口有须，更有一肉角，全身扯出，软弱如土猪脂。”

这是一种壳呈平面卷曲的螺，没有螺塔。而且壳是完全固着在礁石上的，要用凿子才能弄下来。那应该是蛇螺科的螺，中国分布的复瓦小蛇螺等种类就是这样的。它们固着生活，无法像其他螺那样到处找吃的，所以会伸出头，分泌出一段很长的黏液，让黏液黏住水中的有机物碎屑，再把黏液嘬回嘴里，以这样恶心的方式吃东西。

蛇螺殼匾而綠產閩中係海岩石壁
上生成取者以鑿起之始落肉狀如
蛇頭有目有口有鬚更有一肉角全
身扯出軟弱如土猪脂其味甚美不
可多得海人宴上賓用此為敬
蛇螺贊
螺中有蛇觸目心儆
啖者懷疑更甚杯影

《海错图》里的『蛇螺』

一只蛇螺正在释放黏液带，黏附有机质碎屑供自己食用

我搜了一些露出脑袋的活体蛇螺照片，有两个小眼点，有口，有一对触角，符合“有目有口有须”。至于“一肉角”，应该是它特化的腹足的前端。但搁到一块像蛇头吗？口部完全伸出来的时候有点儿像，不伸出来就不像。不知道聂璜看到的是什么状态。

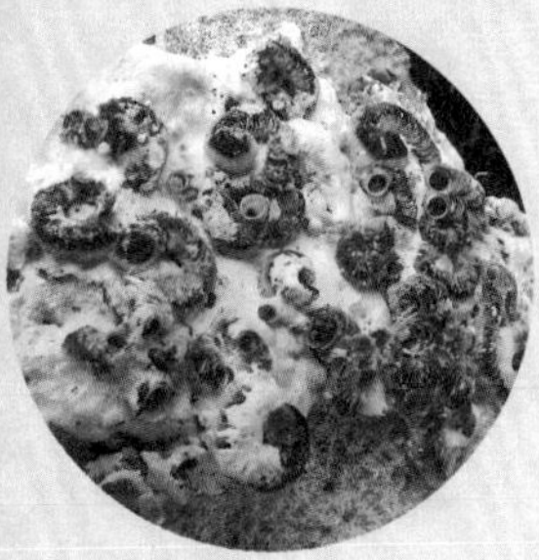

蛇螺科物种的壳固着在礁石上生长

不过，聂璜说它“其味甚美，不可多得。海人宴上宾，用此为敬”，倒是让我迷糊了好一阵。我没听说过有人吃这个。后来，在日本学者藤原昌高的著作《配角海鲜食用图鉴》中，我发现日本广岛等地有食用复瓦小蛇螺的习惯。一种吃法是生吃，蛇螺的肉在生的状态下确实“软弱如土猪脂”，藤原昌高记载：“生食如同生蚝般，带有强烈的甜味和鲜味，而且后味也非常清爽。”第二种吃法是酒蒸：“熟后不会变硬，带有丰富的甜味和鲜味。”当地人称复瓦小蛇螺为“吸口”，因为吃法是从螺口把肉吸出来。不过很难吸，藤原昌高甚至用“辛苦”来形容。也可把壳割开取肉，但也“麻烦到令人感到不可思议”。

这样得来的美食，格外珍贵。海边人以此宴客，足以显示自己的诚意了。

蠣生於石層累而上常高至二三丈粤中呼為蠔山蠣蛤者附蠣而生之蛤也形如蚌而小黑色其肉與味並同淡菜且亦有毛一小宗與他蛤迥異其尾繫粘蠣上為奇又不似淡菜以毛繫者也

石蠣賛

水沫凝石無中生有
惟蠣最多堅而且久

【牡蛎、石蛎、竹蛎、蛎蛤、蠔鱼、篆背蟹】

蛎之大者，其名为牡

牡蛎就是蚝，就是蠔，就是蚵，就是蛎黄。名字越多，说明人们越喜欢它。

牡蛎的牡 一

牡蛎为什么叫牡蛎？直接叫蛎不行吗？当然可以。古人管牡蛎壳叫蛎房，壳烧成的灰叫蛎灰，可代替石灰。既然可直接用蛎指代牡蛎，那“牡”字似乎并无必要。李时珍在《本草纲目》里给出了一个解释：“纯雄无雌，故得牡名。”牡有雄性之意，李时珍认为牡蛎只有雄性，没有雌性，故得此名。然而李时珍对各种生物的释名很不严谨，充斥着望名生义和想当然，不可尽信。像这个牡蛎的解释，就一定是错的。

牡蛎并非纯雄无雌，而是雌雄都有，有一部分个体还能自由转换性别。而且不管哪个性别，古人都看不出来。聂璜说牡蛎“左顾为雄，未知是否”，即壳向左歪的是雄性。其实这法子不管用，在福建东山岛养殖牡蛎的林真女士跟

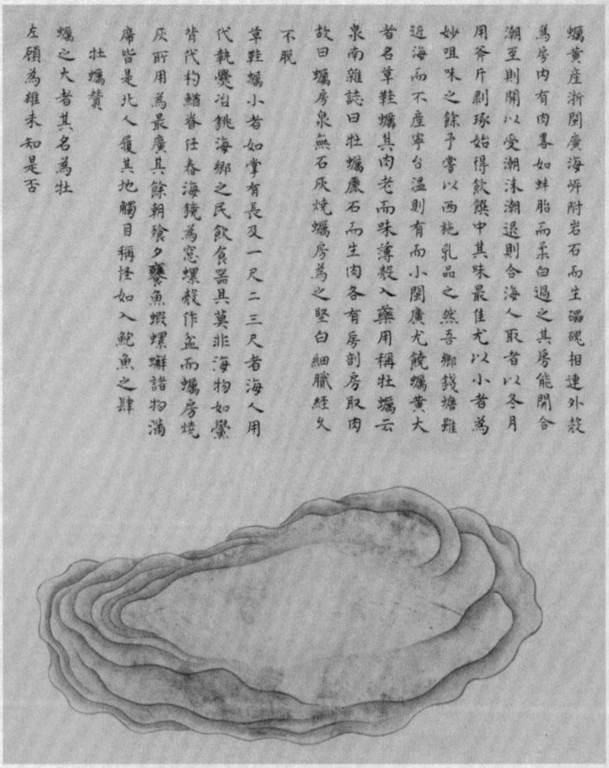

《海错图》里的「牡蛎」，画得比书中其他蛎都要大好多，以示「牡者大也」

我说："看壳是看不出来的，我们都是把壳撬开，把肉切开，如果切面干净利落就是公的，如果流出大量白浆就是母的。"这是养殖户的方法，未必准确。厦门大学海洋生物学硕士曾文萃教了我一个最准确的办法：刮破牡蛎肉表面，取一些里面的白浆，像抹黄油一样抹在平面上，肉眼能看到明显小颗粒（卵子）的就是雌性，像一团雾（精子）的就是雄性。而这些细节，中国古人是意识不到的。

实际上，其他古人并不认为牡蛎的牡是雄性之意，也不认为牡蛎只有雄性。唐代《酉阳杂俎》就特意说："牡蛎，言牡，非为雄也。"清代《广东新语》说："（蛎）大者亦曰牡蛎，蛎无牡牝，以其大，故名曰牡也。"聂璜也采信这个说法，在《海错图》里写道："蛎之大者，其名为牡。"也就是说，牡在这里意为"大"，牡蛎的本意指大个的蛎。这个说法还算靠谱。

竹上养蛎

二

聂璜对牡蛎的评价很高："饮馔中，其味最佳，尤以小者为妙。"他久居福建，说的是福建人的喜好。至今福建人也钟爱小个儿的牡蛎。我去厦门的琼头码头，满街都是剥蛎的妇女，每个蛎肉仅拇指大小。剩壳被倒在码头，堆积成十多米高的白色巨坡，如同某种防御工事。剥出的肉一般用来做海蛎煎，聂璜当年应该也没少吃。

食用需求这么大，就需要养。中国人从宋代就开始养牡蛎了。所谓养，并不是全人工繁殖，而是制造适合野生牡蛎附着的地方。一般是在浅海里插竹子。宋代梅尧臣的《食蚝》诗有一句"亦复有细民，并海施竹牢。采掇种其间，冲激恣风涛"，这是最早记录中国人养牡蛎的文字。明代的《蛎蛹考》中，福建福宁人民再次独立发明了竹子养蛎法。

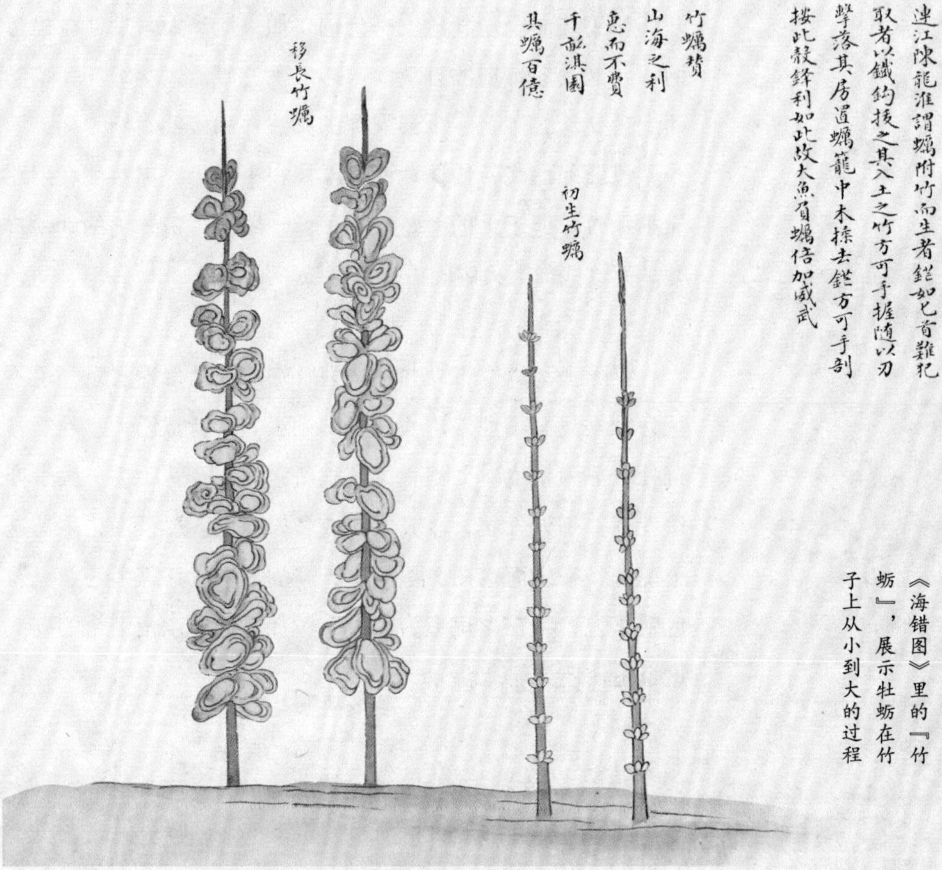

《海错图》里的『竹蛎』，展示牡蛎在竹子上从小到大的过程

他们本来是把牡蛎壳撒在浅海泥沙上，吸引水中的野生幼蛎附在壳上生长。有鱼来吃蛎，人们就用石块围住养蛎区来挡鱼。然而石块几经风浪就会坍塌，人们就改用竹枝围护，竹枝在水中摇动，鱼受惊就不敢进入了。后来，一名姓郑的乡民发现竹枝上也长了牡蛎，灵机一动，不撒蛎壳，不围石头，直接在泥中插一堆竹竿，结果牡蛎比以前长得更多，引得周边百姓竞相效仿。竹蛎的产量高到什么程度？福建连江一个叫陈龙淮的人告诉聂璜，收获时，外壳锋利的牡蛎会长满竹子，根本没有下手的地方。渔民要以铁钩钩住牡蛎，往

起拔，把竹子拔起一段，露出入土的部分，才能握住竹子。随即用刀击落牡蛎，放进蛎笼。用木头揉去蛎壳锋利的边缘，方可手剖取肉。

古人养蛎，还有往水底投瓦片、投石头的。与聂璜同时代的屈大均记载，东莞新安人“以生于水者为天蚝，生于火者为人蚝”。天蚝，就是野生的牡蛎，人蚝，是人工养殖的牡蛎。什么叫人蚝生于火？就是渔人把石头烧红投在海中，石头上就会长出牡蛎。想让牡蛎长在石头上，直接扔石头就行了，为何要先烧红再扔？屈大均认为，牡蛎性寒，长在烧过的石头上就会得到“火气”，使其更加甘美。这明显是胡猜。许他胡猜，就许我胡猜。我猜烧石头有三个作用：一是这些石头可能也是海边捡的，表面有些海洋生物附着，需要先烧死它们，不然投入水中后，这些“闲杂”生物繁殖起来占领石头，牡蛎就难以附着了；二是热石入水，容易碎成几块，增加牡蛎的附着面积；三是石头表面会因冷热刺激产生很多小裂隙或小崩解而变得粗糙，易于牡蛎附着。

厦门琼头码头堆积成山的牡蛎壳

蠔山之谜

三

很多中国古籍都记录过一种奇观：蠔山。《海错图》也不例外："蛎生于石，层累而上，常高至二三丈，粤中呼为蠔山。"就是说，牡蛎附着在礁石上，新牡蛎又附着在老牡蛎上，经年累月，能长成6～9米高的小山。

真有蠔山吗？我在海边只见过附着薄薄一层牡蛎的礁石，从未见过堆积成山的。如果真有好几米高，那说明涨潮时的水位也要淹到好几米高，否则"山顶"的牡蛎是不可能成活的。海边真的可以有这么大的潮差吗？

查了下，还真的可以。杭州湾的潮差可以达到8米多。那其他地方呢？我请教了厦门的海洋文化学者朱家麟先生。他说："厦门潮差一般是四五米，高的有7米。从这一点来说，蠔山理论上是可以存在的。"我问他，有没有可能是地壳抬升使得附着牡蛎的礁石隆起，变成了蠔山？因为我在台湾垦丁见过类似的现象，那里的古代珊瑚礁因地壳变化被抬升到陆地，爬山时，身边的崖壁都是整块的珊瑚礁。朱先生说："有这个可能！厦门的南普陀放生池，宋代时还和海相连，

台湾垦丁海边的小山上，随处可见被地壳抬升成为山石的古代珊瑚礁

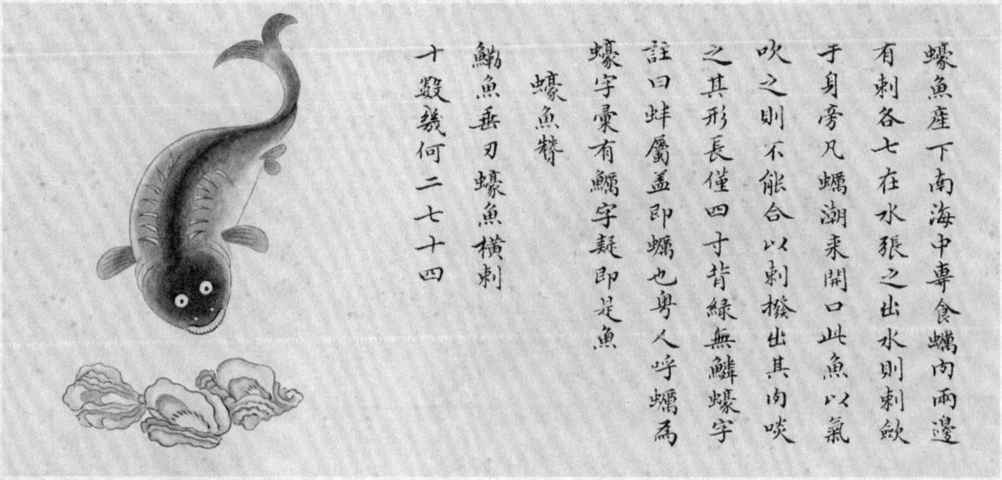

《海错图》中的『蠓鱼』。此鱼专食牡蛎肉。背部两边各有七根刺，在水中张开，出水则刺敛于身旁。趁牡蛎张壳时，此鱼以气吹之，牡蛎就无法关壳，鱼趁机用背刺拨出蛎肉食之。长仅四寸，背绿无鳞。今日东南沿海有些地方会用蠓鱼指代鹦嘴鱼和某些虾虎鱼（如犬牙缰虾虎鱼，因其常在牡蛎密集区活动），但它们均无《海错图》中描述的形态和习性。现实中也没有一种鱼有这样怪异的背鳍和离谱的捕食过程。所以应该是海民臆想出的鱼

现在高于海面2米。漳州诏安有一座风水塔，以前离海面很近，现在高于海面30米。闽江口有个梅花古城，那的老人和我讲，以前海水可以直接淹到城门外的台阶，一出城门就是码头。现在城门比海面高十几米，海水已经远在城门外500米。在福建，这样的例子可以说不胜枚举。有些是因为地壳抬升，有些是因为泥沙淤积。我一直怀疑，‘沉东京，浮福建’的传说，就源于此。”

所谓“沉东京，浮福建”，是福建和南洋华侨间流传的一个语焉不详的传说。大意是，福建海中有个岛，南宋末年，宋末帝躲避元军逃到此处，在岛上建了一座大城（一说行宫），沿袭故都东京（注：今开封）的名字，也称其为东京。后来大地塌陷，宫城沉入大海，而福建却随之抬升。

“沉东京”是否有其事，目前还未有确切证据，但是“浮福建”可能确实基于一些事实。除了前面朱先生说的例子，还有泉州花巷、打锡巷、桂坛巷以南都曾是海边滩涂，到南宋时已是城内街巷。华侨陈嘉庚儿时曾在厦门王公宫前

福建晋江深沪港牡蛎礁。国内的牡蛎礁基本都是这个高度，顶多半人高，没有《海错图》中所说6～9米那样高

福建晋江深沪港牡蛎礁旁，有一些远看似『蠔山』的物体，其实是树桩。这里有三片『海底古森林』，退潮时露出水面。有油杉、皂荚树、桑树、枫香、南亚松等。古人观察到这一带『海底尚有木头、竹丛』，将其视为南宋末年『沉东京』传说的证据。其实这片森林是7000年前因大地震沉入海中的，当时还没有宋朝

戏海水，老时再来，此处已变陆地。这都会给福建人以“陆地上浮”的印象。不管这现象是泥沙淤积还是地壳抬升造成的，附着牡蛎的礁石会不会因此变成“蠔山”呢？

长满牡蛎的礁石，科学界称之为“牡蛎礁”。如今中国还有几片成规模的牡蛎礁：天津大神堂、江苏蛎岈山、山东莱州湾、福建深沪湾和金门。其中福建深沪湾的牡蛎礁给了我答案。福建师范大学地理研究所的俞鸣同和日本学者藤井昭二、坂本亨研究了这里牡蛎礁的剖面，还原了它们的历

史。25 000年前，玉木冰期进入了一个相对温暖的阶段，海平面因此上升，海水侵入陆地。大量长牡蛎和近江牡蛎借机在深沪湾河口潮间带的底部岩石上生长，涨潮时没入海水，退潮时露出水面。后来海水继续上涨，将礁石完全没入浅海，河口的泥沙埋住了牡蛎礁。晚更新世末期，深沪湾地壳发生了大幅度的相对抬升，这里重新成为潮间带，被泥沙冲埋的牡蛎礁上又旺盛地长起了牡蛎。但地壳继续抬升，礁石的顶部渐渐长时间暴露在空气中，顶部的牡蛎已经无法存活，牡蛎礁也就停止了长高。

《海错图》中的『蛎蛤』，画的是附着在牡蛎壳上的黑色小贝，『其肉与味并同淡菜，且亦有毛一小宗，与他蛤迥异。其尾紧粘蛎上』。这是一些小型的贻贝科贝类，如变化短齿蛤、条纹隔贻贝等，通过足丝附着在牡蛎壳或岩石上

长达25 000年的累积生长，加上地壳抬升，深沪湾的牡蛎礁成“蠔山”了吗？没有。礁石的贝壳堆积层仅有50厘米厚，加上基岩，高度还不及腰，而且都是平顶，并无山形。江苏的蛎岈山，从名字来看是最接近蠔山的地方，但也是低矮的、人可俯视的礁石景观。所以我认为，古籍中高达近10米的蠔山，应是古人对牡蛎礁景观的夸张描述。现实中，我没有找到其存在的证据。

就连低矮的牡蛎礁，现在也快不存在了。近100年来，全球85%的牡蛎礁已经退化或消失，是全球退化最严重的海洋栖息地之一。中国也一样。按理说，中国从北到南的浅海，应该连续分布着大量牡蛎礁，但过度采挖、水体污染、海岸开发，使中国的牡蛎礁大量消失。比如天津大神堂牡蛎礁，人们在这里用拖网破坏性地捕捞扇贝、海螺、牡蛎，2000年

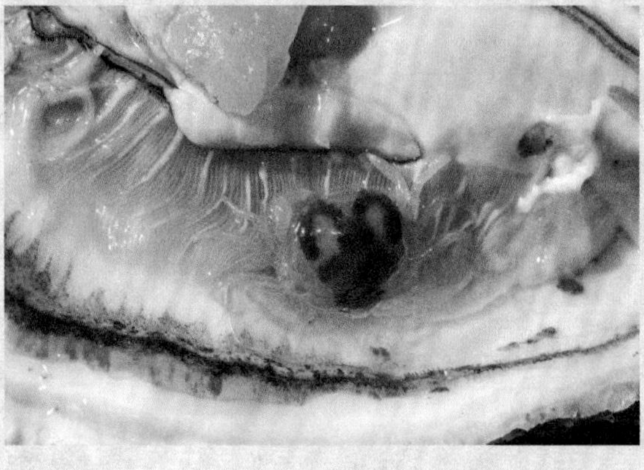

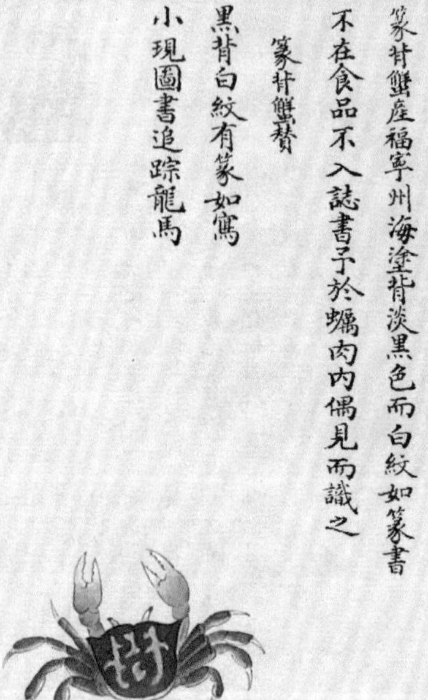
篆背蟹產福寧州海塗背淡黑色而白紋如篆書
不在食品不入誌書予於蠣肉內偶見而識之
篆背蟹贊
黑背白紋有篆如寫
小現圖書追蹤龍馬

《海错图》中的『篆背蟹』。据聂璜描述，它产于福宁州海涂，背淡黑色而白纹如篆书，聂璜在牡蛎肉中偶尔见到。我猜测，可能是隐居在牡蛎外套膜处、分食牡蛎吸进来的有机物的豆蟹科种类，它们身体半透明，可显示出内脏的纹路。我吃牡蛎时就遇到了一只豆蟹

保护工作者向国外的牡蛎礁海域泼撒牡蛎壳，给幼蛎提供附着点，试图恢复牡蛎礁规模

时尚有35平方千米的牡蛎礁，到2013年，保存良好的礁体只剩0.6平方千米！

遭受如此破坏，有两个原因。一是牡蛎礁一般在水深不到5米的岸边，太容易受人类活动影响了。二是牡蛎礁这个概念缺乏宣传。很多人都知道红树林、珊瑚礁的重要，却不认为牡蛎礁值得保护。那不就是长了牡蛎的石头嘛！其实牡蛎能把水中大量的悬浮物吸进体内，一片牡蛎礁能极大地净化周边水质。牡蛎壳之间的缝隙也给其他小生命提供了栖息地。江南著名的水产松江鲈（四鳃鲈），平时在河里，产卵时就要洄游到蛎岈山，在空的牡蛎壳里产卵。如果失去牡蛎礁，这些鱼类根本无法繁衍后代。

对牡蛎礁的忽视，使得我们仍然不清楚国内还有多少牡蛎礁受到威胁。万幸，天津大神堂和江苏蛎岈山都成了国家级海洋公园，人们正在效仿古人，用投放大量牡蛎壳的方式，试图给新的牡蛎提供附着点，为小生物提供更多藏身处。希望中国的大海中能重新耸立起一片片的小蠔山。不用到仰视那么高，俯视就行，有就行。

其掩可以養醋小者其肉亦混入鍊螺可食而味薄其掩如豆粒之半上豐下平投醋中能行即異物志所謂郎君子海槎錄所謂相思子是也異物志云郎君子生南海有雌雄狀似杏仁青碧色欲驗真假先於口內含熱然後投醋中雌雄相趨逡巡便合即下其卵如粟粒者真也主婦人難産手握便生極有驗海槎錄云相思子生海中如螺之狀而中實類石馬大如豆粒藏置篋笥積歲不壞若置醋內遂移動盤旋不已合之本草流螺之說信乎各自一物而寄跡於螺者也土人石門宕之名搜求典籍甚有味故曰妙在石門然此物邊海之地不甚稀奇而異物志珍之必中原人士為傳聞者悞也

石門宕贊

螺有土名　雖不雅馴
旁搜典故　妙在石門

螺掩

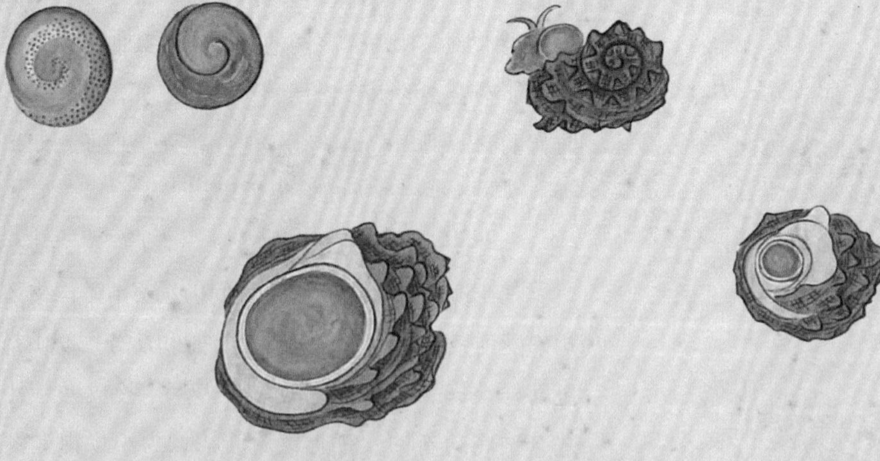

【石门宕、巨螺、八口螺、鹦鹉螺】

得醋则活，妙在石门

有一类螺，它身上有个部位，放在醋里能跑，两枚合在一起能产卵，难产的孕妇握着它立刻就会生下孩子。这也太玄了吧？

石門宕閩中土名也以其螺掩堅厚如石故名他螺之掩皆薄而此螺之掩獨厚似另附一物有性靈而活為異其掩閩人常取以置醋甕中養醋故又名醋螺其實即鈿螺之小者其形如蓼螺而扁殼則圓而尾則平亦多癗塊如泡釘突起巨細之體雖髣髴無二而所用則不同至

掩螺

妙在石门 一

在沙滩上散步，时不常能捡到一些形似围棋子的东西：隆起的那一面有黄白绿的朦胧色块，类似玉石；平的一面表面有一个螺旋图案。是螺壳吗？但整个物体是实心的，并无螺肉藏身之处。我曾以为是螺的化石（确实很多小贩拿它当螺化石卖），长大后才知道，这是蝾螺的厣（音yǎn）。

很多螺的螺口都有一个盖子，叫厣。肉缩进壳后，盖子随即盖上，使天敌无法进入壳内。一般的螺厣只是角质的薄片，但蝾螺科的成员不知要对抗什么强大的敌人，把厣演化得极厚、极硬，呈石灰质。清代的福建人，据此给蝾螺起了个土名：石门宕。聂璜解释道："以其螺掩（厣）坚厚如石，故名。他螺之掩皆薄，而此螺之掩独厚。"他特意画下了各个角度的蝾螺厣，并注明："其掩如豆粒之半，上丰下平，投醋中能行。"

"投醋中能行"是什么意思？原来聂璜发现，蝾螺的厣和醋有好多故事。首先，他注意到，福建人管蝾螺又叫"醋螺"，因为他们常把蝾螺的厣放在醋坛子里"养醋"。何为养醋，聂璜并未解释。有种行为叫"养醋耳"或"养醋蛾"，即用古法酿醋时，缸中的酵母菌和醋酸菌的尸体、活体、代谢产物会凝结成一大块胶冻样的物质，可直接食用，也可放到其他缸里当醋引子，酿造新醋。但我未曾听说蝾螺

蝾螺的厣

一只蝾螺（*Turbo petholatus*）受到触碰后把肉体缩进壳里，用厣挡住螺口。这种蝾螺的厣形似猫眼

厣可以养出醋蛾。我猜聂璜说的养醋，应该是投放蝾螺厣可以让醋的酸性降低，更加适口。因为蝾螺厣是石灰质的，放进醋里会被酸分解。但我同样没找到资料证实这种猜想。

聂璜翻阅古籍，找到了蝾螺厣和醋的其他渊源。《海槎余录》称蝾螺厣为相思子，说它“生海中，如螺之状，而中实类石焉，大如豆粒。藏置箧笥，积岁不坏。若置醋内，遂移动盘旋不已”。这是对的，蝾螺厣进了醋，会发生酸碱中和反应，从而产生大量二氧化碳气泡，推动螺厣在醋里滴溜溜乱动。古人一看，误以为此物是活的。如果在醋里投入两枚螺厣，它俩转着转着很容易贴在一起（转半天都碰不上也是挺难的），结果大伙儿又以为这东西分公母，甚至传出公母碰到一起会产卵！《异物志》里就说它“生南海，有雌雄，状似杏仁，青碧色。欲验真假，先于口内含热，然后投醋中。雌雄相趋，逡巡便合，即下其卵如粟粒者，真也”。所谓卵，大概是螺厣被酸泡酥后，撞在一起时掉下的碎屑。这种“雌雄相合”的意象，又让人们把它和生育联系到一起，到达了传说的终点：做药。《异物志》说它能治妇人难产，方法简单极了，产妇拿着蝾螺厣就可以：“手握便生，极有验。”交配期间雌雄缠绵的海马，也被人这样使用。医书记载，产妇难产时可手握海马，“握之即产”。当时的女性真是不易，生孩子时不但没有像样的医疗设施，还要攥着海马、蝾螺厣等各种奇怪的东西。

本来“石门宕”这个土名无甚可讲，但聂璜竟在典籍中找到这么多关于“石门”的故事，他觉得甚是奇幻，故作《石门宕赞》：

螺有土名，
虽不雅驯。
旁搜典故，
妙在石门。

巨螺的夜光 二

蝾螺科有很多成员，聂璜将它们按大小分成了三类。最小者形如蓼螺（注：荔枝螺属）而扁，壳圆尾平，壳上多瘤块如泡钉突起，这指的是南方潮间带的优势种——粒花冠小月螺。中等大小者，肉虽可食，但螺尾会令人嘴麻，螺厣可以养醋，指的是最常被食用的角蝾螺、节蝾螺等。还有一种最大者，被聂璜称为“巨螺”。

聂璜单独画出了巨螺，说它盛产于琉球国（注：今日本冲绳一带）和浡泥国（注：今加里曼丹岛一带）的大洋深水，两国常以此螺作为压舱物运到中国，作朝贡贸易之用。福建的巧工拿到巨螺后，会琢其壳为杯。磨掉表面后，全壳呈现松石绿色，这样做成的就叫鹦鹉杯。若继续磨掉绿皮，露出白珠光层，做成的则曰“螺杯”。此螺壳厚，琢杯的余料还能做成调羹、搔头、玩具，雕琢时掉落的薄片可当螺钿，镶嵌在木器上。聂璜感叹：“海中诸螺，惟此螺有光

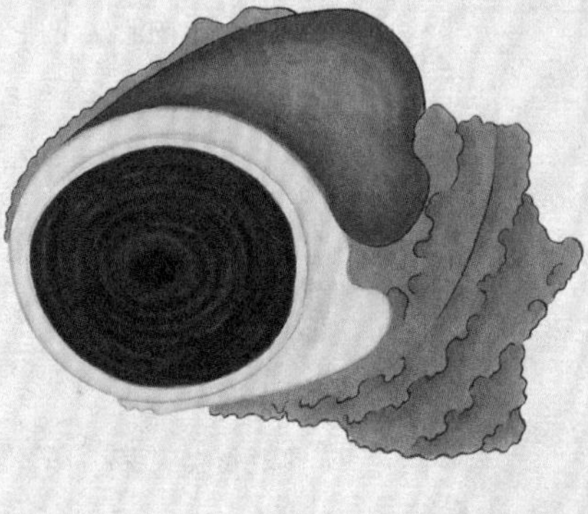

《海错图》中的『巨螺』

巨螺生大洋深水嵗月既久魚不能食人不及取其殻堅厚蠣房撮嘴多寄生于上益為硯礌琉球浡泥最多故二國舊例貢献方物有螺殻張漢逸曰此鈿螺之大者也琉球國多作壓載物来其掩即甲香也福省巧工車琢其殻為盃去粗皮後帶綠色則曰鸚鵡杯去其綠皮珠光色則曰螺盃至螺中心有圓紅處則曰鶴頂紅琢杯餘料為調羹為搔頭一切玩具諸飾甚多其屑即為螺鈿海中諸螺惟此螺有光彩而取用之無窮也

巨螺贊

螺大如斗匪但藏酒
更匿嬌娥願執箕帚

用夜光蝾螺制作的螺钿工艺品。如今，夜光蝾螺是国家二级保护野生动物，其制品严禁买卖

螺厣去除后的夜光蝾螺

彩，而取用亦无穷也！”

海螺中有珠母光彩、可当作螺钿的，不止一种。聂璜这样感叹，想必是因为此螺是这类用途里最著名的一种。那应该就是夜光蝾螺（*Turbo marmoratus*）了。聂璜所画的巨螺的形状、壳上的疣突以及黑色的内唇部，也符合夜光蝾螺的特征。

它难道能在夜里自主发光吗？不能。这个名字完全是一个日文谐音事故。日本学者藤原昌高在《配角海鲜食用图鉴》里讲得明白：这种蝾螺生活在日本屋久岛等地的珊瑚礁海域，因壳大而厚，珠母光泽强烈，历来是制作螺钿工艺品的首选。在公元8世纪平城京迁都时，大量的这种螺被从屋久岛运到新都城，用于工艺品制作。由于来自屋久岛，就被称为“屋久贝”（日语发音yakugai）。这个发音特别像日语里的“夜光贝”（yakougai），加上它的珠母光泽在暗处也确实比较显眼，于是它在日本的名字变成了夜光贝。后来中国

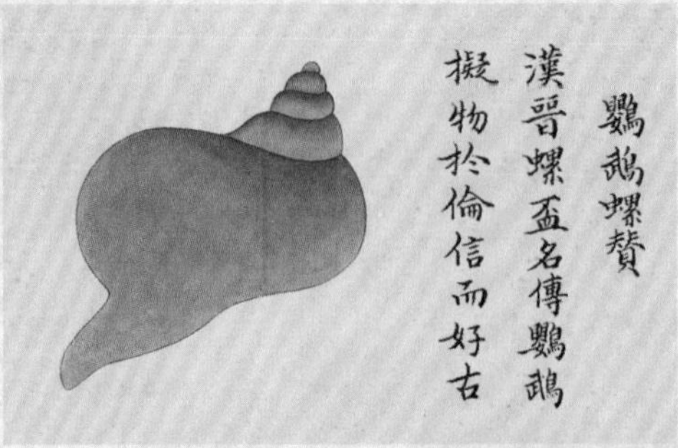
鸚鵡螺贊
漢晉螺盃名傳鸚鵡
擬物於倫信而好古

《海错图》中的『鹦鹉螺』。文字中『古人酒器以此为珍……今人剖而开之，去绿衣以取光华夺目』和『巨螺』的部分文字相符。但画中螺形怪异，多了个『尾巴』，不知是否加工所致

学者给贝类起名时，直接沿用了很多日本称呼，这种螺就是其中一个。它属于蝾螺科，中文名就成了夜光蝾螺。

虚构的厣 三

巨螺就是夜光蝾螺，到此似乎一切都没问题。但这幅“巨螺”的画作却有一点令人难以忽视：螺口覆盖着一个黑色的厣，上有同心圆纹路。这是大部分海螺厣的特点：角质厣。但夜光蝾螺是石灰质厣，厚而洁白，无同心圆纹路。这就矛盾了。有的学者考证到此，认为既然长这样的厣，就必然不是蝾螺，于是找了个形近的海豚螺（*Angaria delphinus*）作为巨螺的原型。海豚螺的厣倒是角质了，但问题是海豚螺才三四厘米大，还没成人手指头长，完全称不上巨螺；它的壳也从来不是螺钿的原材料。所以我是不认同海豚螺这个考证结果的。那厣的问题是怎么回事呢?

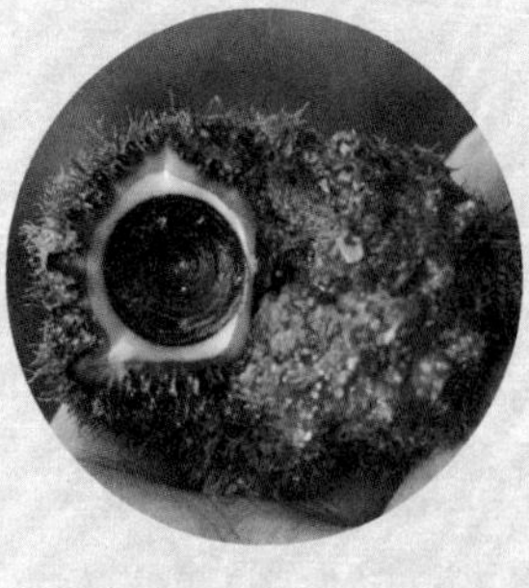

海豚螺的厣和『巨螺』相似，但体型和『巨螺』相差甚远

首先我们要考虑，聂璜所绘的图像是否真实。如果不看厣，“巨螺”的图像、文字都极为准确地指向夜光蝾螺，说明聂璜见过夜光蝾螺，此画是照着螺壳写生的。但螺厣极有可能是他凭想象添加上去的。考证《海错图》时，必须认识到聂璜这种真假掺和的画法。

凭什么说螺厣是聂璜想象的？因为从配文可知，他见到的此螺是从国外运来的，运输方式是压舱物，用途是做螺钿饰品。这三点都意味着运来的只能是壳，不是活体。运来是为了做饰品，又不是吃肉，路途遥远又放在甲板底下，极易腐臭，何必带着肉运输呢？所以这些螺一定是去掉肉的。而去掉肉就一定会去掉厣，因为厣只和肉相连，肉被挖出来，厣就一起掉出来了。厣无珠光，无法做螺钿，会被收集起来用于他处，不会与壳搭配售卖。所以，聂璜是看不到带着原装厣的巨螺的，他只能看到没厣的个体。

夜光蝾螺的厣，在蝾螺里属于顶级大小。可以想象螺本身有多巨大。黑色这一面是内侧，和肉相连。白色的一面是外侧

《海错图》中的『八口螺』，被聂璜凭想象画了个巨大的厣。其实这一类螺的厣是很小的锯齿刀状，且远远盖不住整个螺口

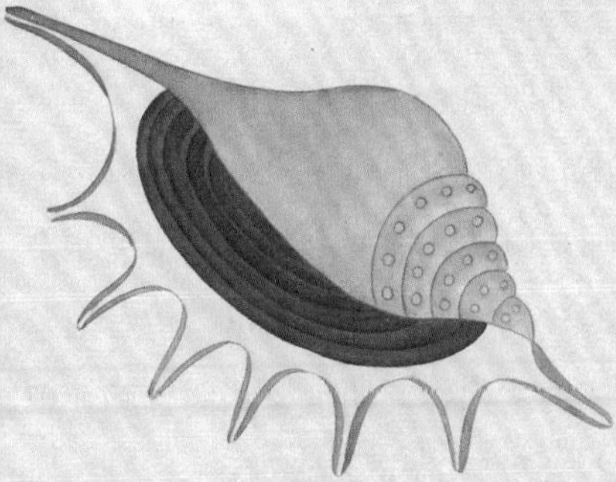

八口螺赞

人喜巧言
螺亦八口
使著螺经
定居其首

没看到厣，聂璜就会凭想象画一个厣。这不是我栽赃，他真的干过这事。《海错图》中有一幅“八口螺”，明显画的是蜘蛛螺或瘤平顶蜘蛛螺。这一类螺的厣是很小的锯齿刀状，远远不能盖住整个螺口。然而聂璜却按照大部分螺的规律，给它画了盖住整个螺口的极大的厣，说明他是想当然地画的。“巨螺”的厣，应该也是这种情况。聂璜没见过“巨螺”的厣，就按想象画了个大部分螺那样的黑色角质厣。却没料到“巨螺”的厣是白色石灰质的。所以，虽然厣画得与事实不符，但并不改变“巨螺=夜光蝾螺”的结论。

四 甲香流变

考证到这儿应该实锤了吧？还没有。聂璜做药材生意的朋友张汉逸补充了一句“（巨螺）其掩即甲香也”，使得事情又变得复杂起来。

这句话的意思是，“巨螺”的厣就是甲香。甲香是海螺的厣，中国、日本、阿拉伯地区、印度都用其作为制香的原料，有定香的作用。问题来了，世界各地用的甲香，都是薄如塑料片的角质海螺厣，如果“巨螺”的厣可做甲香，那巨螺应该也是角质厣，这不又和夜光蝾螺的石灰质厣矛盾了吗？

我一查，中国的甲香跟其他国家还真有区别。本来早期的古书里，中国的甲香和外国一样，也是角质厣，宋代的《本草图经》、明代的《金石昆虫草木状》和《本草品汇精要》等书中有清晰的手绘，都明确地显示当时的甲香是香螺（*Neptunea arthritica*）、厚角螺（*Hemifusus crassicaudus*）等海螺的角质厣，都是薄如塑料片、形如牛耳状。据福建中医药大学陈玉燕考证，在明代的《本草纲目》里，甲香词条的手绘里出现了类似蝾螺厣的图像，证明大概从明代起，中国的甲香开始混入半球形、石灰质的蝾螺厣。后来，蝾螺厣

明代《金石昆虫草木状》中记载的泉州甲香，是明显的角质螺厣

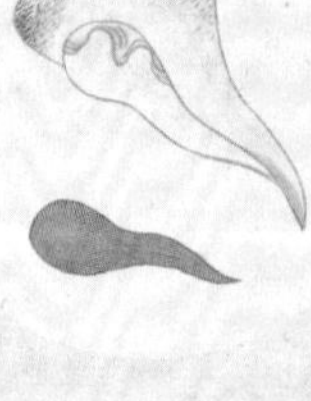

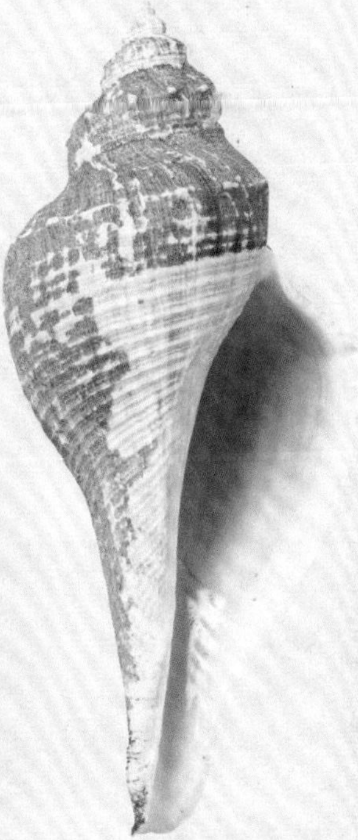

中国早期的甲香，是角质海螺厣（左图）。从明代开始，甲香的名号逐渐被蝾螺的石灰质厣（右图）替代

莫名其妙地抢过了甲香的名头，到了现代，中国药材界对甲香的定义彻底变成了“蝾螺科动物蝾螺或其近缘动物的厣”，蝾螺厣鸠占鹊巢，成了甲香正宗。直到近些年，中国玩香的人越来越多，大家发现蝾螺厣根本无法做香，角质厣才逐渐拿回甲香之名。

这段流变显示，在聂璜生活的清朝康熙年间，甲香的队伍已经“不纯”了，一定混入了蝾螺厣，甚至可能已经专指蝾螺厣。所以，“其掩即甲香”这句话，在聂璜的时代是合理的，依然无法颠覆“巨螺=夜光蝾螺”这个结论。

好累啊！我完全想不到这幅画埋着这么多坑，每前进一步都要考虑一堆东西。然而考证的乐趣也在于此。就像玩电脑里的扫雷游戏，每点开一个格子，一片新世界就出现在你眼前。

之令全可識也製法火煉醋淬研細以水澄出晒乾以薄綿篩之然後輕細可入目否則便為眼中着屑非徒無益而又害之

九孔螺贊

河洛圖書不過此數
螺生九孔奇哉天賦

銅鍋青黃色如銅如鍋式故名亦名銅頂其殼半房口敞而尾尖似螺不篆似蛤不夾內有圓肉一塊如目之有黑睛故閩人又稱為鬼眼甌人稱為神鬼眼或又稱為龍睛産海岩石上覺人取則吸之甚堅百計不能脱登高岩者每借為石壁之級以送步善採捕者寂然無譁率然揭之則應而得矣其肉為羹內有細腸一縷如線去之糟醉更佳考諸書無其名惟字説有肘字音肘海蟲名也形似人肘故名今銅鍋頗似人肘或即是歟

銅鍋贊

神僧煎海幸救不乾
遺落銅鍋排列沙灘

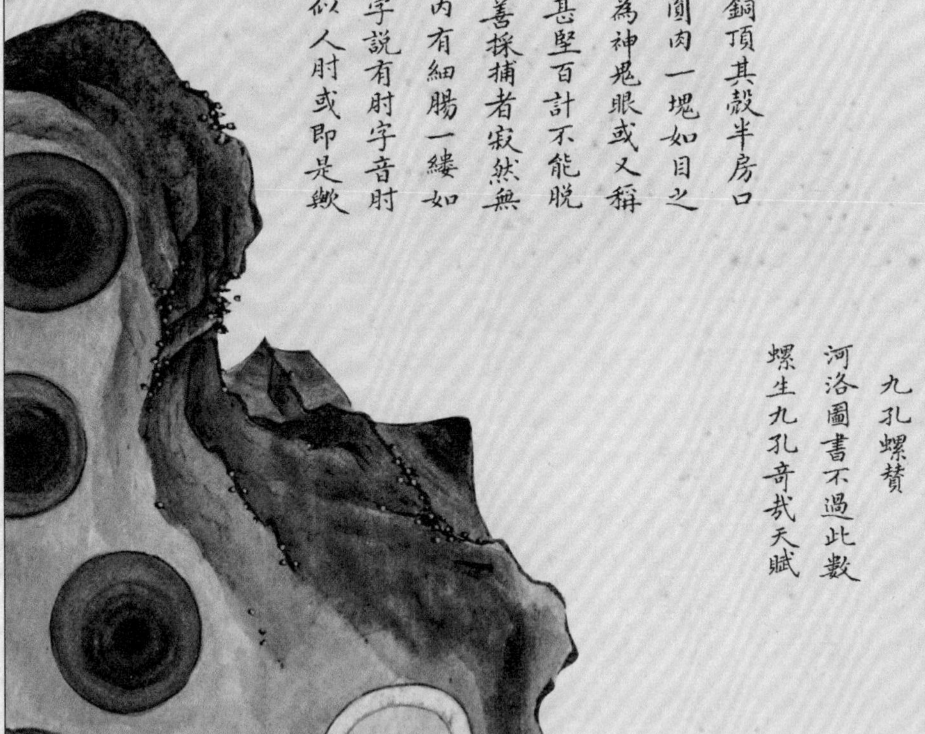

【铜锅、九孔螺】

生而背锅，吸之甚坚

这两种螺都像个锅一样扣在礁石上，但在人类看来，它们的地位一高一低。

陶隐居云此孔螺是鰒魚甲附石而生大者如手内亦含珠本草云惟一片無對七九孔者良生廣東海畔圖經云生南海今萊州皆有之又曰鰒魚王莽所食者一邊着石光明可愛自是一種愚按鰒魚石决明本草註論説互異或以為一種或以為兩種别辨未明但石决明入眼科用治目涼藥也而鰒魚亦治青朦能明目盖附石而生得石之性故肉

东南沿海最多的一种『铜锅』：嫁蜮

似螺不篆，似蛤不夹 ①

去海边时稍微留意下，就能在礁石上发现一类生物：它们的壳像斗笠一样扣在礁石上，说它是螺，可没有螺旋；说它是蛤，壳又只有一片。按聂璜的话说：“其壳半房，口敞而尾尖，似螺不篆，似蛤不夹。”这类动物属于亲缘关系相近的几个家族：帽贝科、花帽贝科和笠贝科。看这些名字，都是跟帽子相关的。现代民间也会给它们起上“将军帽”之类的俗名。但《海错图》记载了一堆名称，竟无一个和帽子有关。第一个名称是“铜锅”，因为它青黄色的壳颇像一口铜锅。聂璜还为它写了一首《铜锅赞》：

神僧煎海，
幸救不干。
遗落铜锅，
排列沙滩。

所谓“神僧煎海”，说的是聂璜所在的明末清初的一位奇人。他是江苏江阴人，本来是一名武者，力大无穷，能举起八十斤铁刀，妻子能诗善画。清军包围江阴时，他率壮士守城。其妻为了免他后顾之忧，自杀了。江阴城破后，他削发为僧，拒不降清，和五百壮士找了个海岛，用大锅煮海水为盐，卖盐为生，自号“煎海僧”。他凭一身神力，曾经独自担着四百余斤的盐去卖。清廷怕他们作乱，派使者招安，煎海僧宁死不从，但深感大势已去，遂与五百人一同自杀。

看到礁石上的“铜锅”，聂璜触景生情，想到了这段悲壮的往事。但力大无穷的煎海僧若用这手指肚大的小贝壳煎盐，那真是又悲壮又萌。

聂璜觉得铜锅之名不甚雅驯，试图找到更正式的名称。他在《字说》里发现一个词条叫“肘”，含义是“海虫名也”。再看看铜锅的壳，也挺像人的胳膊肘的，他就猜测铜锅的正式名称是“肘”。这种猜测未免过于草率了。

二 壳下的鬼眼

聂璜还记载了三个更不知所谓的俗名：“闽人又称为鬼眼，瓯人（注：温州人）称为神鬼眼，或又称为龙睛。”这东西怎么看也不像眼睛啊！看完聂璜的解释我才明白，敢情不是因为壳，而是它的肉剖出来后“内有圆肉一块，如目之有黑睛”。他还细致地画下了“铜锅”的三种状态：附在岩

福建晋江的生腌嫁蝛，吃法是用一枚的壳把另一枚的肉铲出来

石上的样子、脱落下来仰面朝天的样子、肉剖出的样子。这摊肉就像一个狗食盆子里摆着的一颗肉丸子，还真有点儿眼睛的意思。

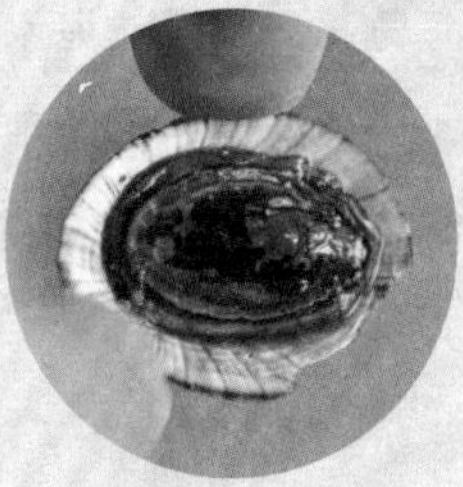

铲出来的肉翻个面放回壳里，就能看到黑眼睛一样的内脏团

一次，我去福建晋江，吃饭时有一道菜是生腌嫁䗩。䗩是铜锅的又一古名。明代《闽中海错疏》载：“䗩，生海中，附石。壳如麂蹄，壳在上，肉在下。”现代科学家用“䗩”作为“铜锅”中一些种类的正式中文名，嫁䗩就是其中一个。它的肉非常结实地长在壳里，用嘬田螺的方式是嘬不出来肉的，用牙去铲肉，牙龈又容易被壳缘划伤。当地朋友教我，用一枚嫁䗩的壳去铲另一枚的肉就可以了。我铲下来一看，这块肉的背面是一团隆起的、黑色的内脏团，圆圆地瞪着我，突然明白了“内有圆肉一块，如目之有黑睛”的含义。

活体攀岩岩点 三

虽然每一枚“铜锅”只有一丁点儿肉，但产量大、不用出海便可采集，因此成为清代海边贫苦人重要的蛋白质来源。不过，要采也没那么容易。铜锅的腹足几乎占满整个壳下空间，吸力极强。如果在海边遇到了它们，就算把指甲抠劈了也抠不下来（我已经替你们抠劈过了）。聂璜笔下的一句话，堪称铜锅吸力的极致证明：“登高岩者每借（铜锅）为石壁之级以送步。”攀爬礁石的海边人，竟可以直接踩在铜锅上，将其作为攀岩落脚点！也就是说，一枚小小的铜锅吸紧礁石后，几乎可以承受一个人的重量。

吸得这么紧，它累不累？其实这些笠贝、帽贝类的螺，只有感到外界威胁时才会吸紧岩石，平时吸得很松。只要采集者趁它不注意，突然从侧面一推，或者用刀一撬，就可取下。从聂璜的文字我们可以发现，清代人用的就是这招儿：

"（铜锅）觉人取，则吸之甚坚，百计不能脱……善采捕者寂然无哗，卒然揭之，则应而得矣。"

古意盎然

四

礁石上的海螺那么多，为什么别的海螺一抠就掉，铜锅们却越抠越紧？仔细观察，其他海螺受惊后，都会把肉深深地缩进螺塔里，有些种类还会关上一个叫作"厣"的小门，堵住螺口。没有肉体的吸附，当然一碰就掉。而铜锅的壳只是浅浅的斗笠状，根本没有螺塔，肉体无处可缩，一旦从石上脱落，肉体将毫无保留地展示给天敌，所以它必须紧紧地吸住石头，把壳紧扣在礁石上，不给天敌留缝隙。

这种没有螺塔的壳，看上去是不是非常简单、原始？没错，螺的祖先就长这样。据学者对化石的研究推测，寒武纪时，有一类形似蛞蝓的肉虫，用腹部在海底爬行，它们就是腹足类（螺、蜗牛）的祖先。此时的它们全身柔嫩肥美，毫无保护。随着海洋中捕食者的增多，这些肉虫在后背上演化出了一片碗状甲壳，抵御来自上方的攻击。后来，背壳逐渐隆起成瘦高的圆锥状，以容纳越来越复杂的内脏，在遇到危险时，整个身体也得以完全缩入壳内。可这么长的壳在水中阻力过大，容易磨损，背着也太累赘，腹足类就在演化中逐渐把壳打成卷，这样更结实，背着走也更轻松，也就形成了今天的螺壳、蜗牛壳。

这样看来，"铜锅"所属的帽贝、花帽贝、笠贝家族那低矮的、毫无螺旋的壳，就颇具几亿年前的古意。不过，它们是从古到今从未演化出螺旋，还是曾有螺旋但现在消失了，就不清楚了。

到底臭不臭？

五

还有一类海螺和“铜锅”一样，也吸在礁石上，也是一片碗状壳。不同的是，它的海螺特征更明显些：壳的一端有一个小小的螺旋，只不过紧贴在壳上，不形成螺塔。这个家族的名气就比“铜锅”大多了：鲍鱼。

如今的鲍鱼是海错珍品，不管是干鲍还是鲜鲍，大家的评价只有“鲜美”二字，与臭绝不相干。可《史记·秦始皇本纪》中说，秦始皇死在东巡途中，正值夏天，尸体变质，为掩盖尸臭，心腹大臣“乃诏从官令车载一石鲍鱼，以乱其臭”，说明鲍鱼是很臭的。还有汉代刘向《说苑·杂言》里的名言：“与恶人居，如入鲍鱼之肆，久而不闻其臭。”为啥秦汉时的鲍鱼那么臭？

其实，那时的鲍鱼一词指的是臭咸鱼。鲍就是用盐腌渍

日本江户时代浮世绘《势州鳆取之图》。图中的伊势海女潜入海底，把海石上的鲍鱼铲下来，运到船上。鲍鱼在日本的和名叫『穴光』，意为其壳上有孔穴，能透光。但这幅图的标题遵从中国的古意，称鲍鱼为鳆

的意思。浙江一带的语言在这一点上相当存古，他们至今还把用盐腌过三次的鳓鱼制品称作“三鲍鳓鱼”。

而今天所指的贝类鲍鱼，曾长期被称为“鳆鱼”。汉晋时期，它已经是名贵的海鲜。晋代郭璞说：“鳆似蛤，偏著石。”《广志》载：“鳆无鳞有壳，一面附石，细孔杂杂，或七或九。”这些都能证明当时的鳆就是今天的鲍鱼。那时最著名的鲍鱼食客要数王莽。《汉书·王莽传》记载，他在内外交困时，急得什么都吃不下，只能“饮酒，啖鳆鱼”。这个典故使得后世介绍鲍鱼时，往往要说“鳆鱼，王莽所食者”。

鳆虽然今天读fù，但中古汉语里它是个入声字，读biuk或bruk。尤其是bruk这个发音，和雹的中古音是一样的。按汉语的正常演变规律，鳆演化到今天应该和雹字发音一样，读bao。但是鳆的声旁“复”后来变成了类似fu的发音，鳆字的发音也就随之改成了fu。不过民间口语不管这套，依然保持鳆的古音，管这类动物叫“bruk”。宋元时期，北方汉语的k韵尾脱落，使得“bruk”演变成了“bao”一类的发音。由于此时鳆字已经不读bao，人们就改用鲍字来记音。我查阅古籍，发现从元代开始，鳆鱼的写法变少，鲍鱼的写法增加。最终，鲍鱼成了这类螺的正式称呼。

九孔的作用

六

《海错图》中则用“九孔螺”来称呼鲍鱼。鲍鱼壳可以入药，医家筛选的标准就是数壳上的一排小孔，认为“九孔者为良”，所以鲍鱼有了“九孔”的别名。这些孔在科学上的正式名字叫呼吸孔。它们有什么作用？

大部分的螺和蜗牛在演化过程中为了将就螺旋状的壳，内脏团发生了180°的扭转，本来是口在前、肛门在后，这一

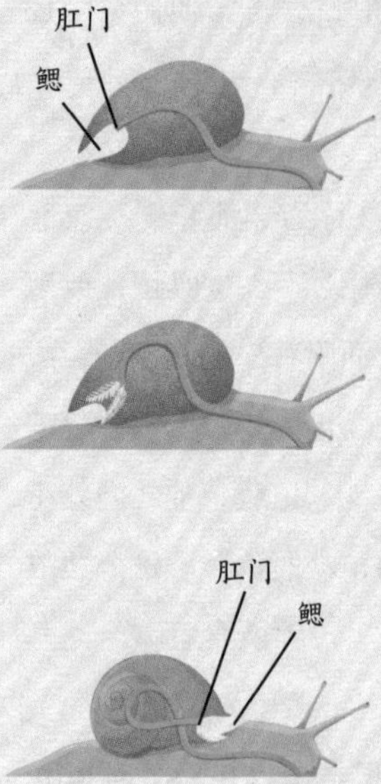

腹足纲历史上发生过内脏180°扭转事件，使得肛门开口在头、鳃附近

扭，肛门和嘴跑到了一头。这导致它们把屎拉在“脖颈子”上，吃东西的时候一不小心就会吃到自己的屎渣儿。这是腹足纲专属的屈辱。中国海洋大学出版社出版的《海洋无脊椎动物学》中，对此有一句哀其不幸的描述：“在动物界，尚无像腹足类那样允许肛门的排粪和肾的排泄物由自己头顶上方排出的。”

对鲍鱼来说，这就更是个问题了。其他螺的肉体好歹能伸出壳一段距离，“脖颈子”够长，就能离屎远点儿。可鲍鱼的肉体全被壳罩住，再一拉屎，如同被子蒙头时放屁，一点儿没糟践，全让自己吸回去了。而且水也难以流畅地在壳内流通，对鳃的呼吸不利。所以，鲍鱼就在壳上开了这排呼吸孔，水可以从这里流进流出，粪便也可以从孔中排出。

九孔的鲍鱼壳品质更佳又是怎么回事呢？随着鲍鱼的长大，小时候的呼吸孔会被石灰质填满，新的呼吸孔会在前端

鲍鱼的肛门与口和鳃距离过近，且水不易流入壳下，便采用呼吸孔解决这个问题

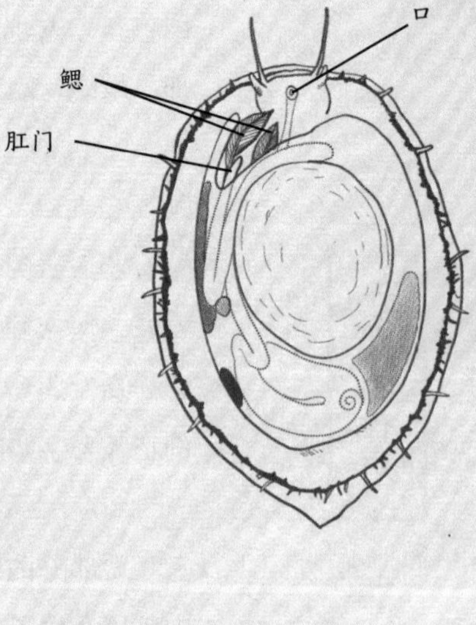

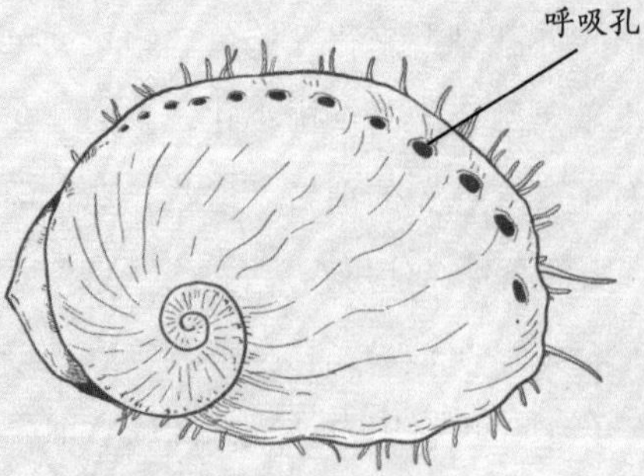

生成。所以鲍鱼壳只有前半部的几个孔是透的，数孔的时候，数的就是前面这几个孔。中国的鲍科物种里，只有杂色鲍能达到6～9个孔，其他鲍鱼都只有3～7个孔，所以九孔的鲍鱼都是杂色鲍。可能在古人的评价体系里，杂色鲍是最正宗的鲍鱼，是“道地药材”，故以孔为鉴定标准。但这个标准实在太好造假了。聂璜说：“九孔螺以九孔者为良，有不全者，药贾以钻穿之令全。”

鲍鱼壳入药做什么呢？治眼病。鲍鱼壳在中药里叫“石决明”，决明是一种植物，以明目著称，石决明就是“石质的决明”之意。聂璜写道：“石决明入眼科用，治目凉药也。”不过，他记录的治法却有点儿恐怖：“火炼，醋淬，研细，以水澄出，晒干，以薄绵筛之，然后轻细可入目。”聂璜认为，鲍鱼壳如此处理后的粉末可以直接吹入眼睛来治疗，如果不这样处理，“便为眼中着屑，非徒无益，而又害之”。但是我觉得就算这么处理过，也不能直接往眼里吹。我查了下，石决明在中医里的用法基本是口服。《本草纲目》里，要么把它用水煎作汤剂，要么研成末后用烤猪肝蘸着吃。先别说管不管用，至少安全啊！希望聂璜没有用他的方法给朋友治过眼病。

七 鲍鱼壳上的疫情

如今科学昌明，很少有人靠鲍鱼壳治病了。不过，人类的一种病，却影响到了鲍鱼壳。

中国市场上的鲍鱼，大多是人工养殖的皱纹盘鲍，它们的壳上经常有红绿相间的条带。这些条带是如何形成的呢？几年前，我参加了上海的一个贝展，和几位贝壳专家共进晚餐。席间，鲍鱼学者王仁波老师说道：“美国有一种鲍鱼叫红鲍，壳是通体暗红色的。有段时间，国际市场上突然出现了一批红鲍的壳，壳上的花纹非常奇特，一条红、一条白、一条蓝、一条红……以前从未见过！大家都以为是变异红鲍，价格炒得很高。后来才知道，是美国一个养殖场养殖的，打算卖到食用市场。他们养的时候，不知道什么原因，隔段时间就换不同的饲料，而且换得很频繁。红鲍有个特点：食物是啥颜色，那个阶段的壳就长成什么颜色。结果就长出这些特别漂亮的壳。养好后才发现，美国人吃这个的少，卖不动，场子就倒闭了。但是这批壳流入了贝壳收藏市场，反而成了抢手货！”

正常的红鲍

美国那个养殖场投喂不同饲料养出来的红鲍

鲍鱼壳的颜色，是由基因和食物共同决定的。有些鲍鱼种类的基因力量强大，不管吃啥，壳都是一个颜色。而红鲍、新西兰鲍、皱纹盘鲍的壳色容易受食物影响，尤其是人工养殖的个体，饲料单一，这种情况就更明显了。2021年，我到福建东山岛的一个鲍鱼养殖渔排采访。海面上漂着一大片井字格的木条，下面挂着一串串网箱。正是喂食时间，工人把网箱提出水，打开箱门，从旁边的大篮里抓过一把红褐色的龙须菜（江蓠科的一种海藻）塞进去。

虹鲍又称新西兰鲍，人工养殖的个体，其壳往往因饲料而特别蓝，在中国又有『星空鲍』的商品名

新冠肺炎疫情期间，东山岛的鲍鱼养殖户为节省成本，长期投喂龙须菜，导致鲍鱼壳变成红色

我问养殖公司的老板："鲍鱼是吃什么颜色的海藻，壳就长成什么颜色吗？"老板说："对！吃海带就长成绿壳，吃龙须菜就长成红壳。"我从箱里拿出几只鲍鱼，它们只有螺旋那里一小片区域是绿的，其他大部分区域都是红的，说明它们只有小时候吃过短时间的海带，后来吃的全是龙须菜。这种情况很少见，市场售卖的养殖鲍鱼，壳上的红绿色带一般是交错出现的。"为啥一直给它们龙须菜啊？"老板听了我的问题，突然激动起来："一般什么海藻便宜我们就给它吃啥，这个季节海带便宜，就喂海带；下个季节龙须菜便宜，就喂龙须菜。但是往年我们也不完全看价格，龙须菜喂了一段时间，就算海带有点儿贵，还是会给它们换海带，营养搭配一下。但是今年的新冠肺炎疫情太严重了！鲍鱼没销路，只能严格遵守哪个便宜吃哪个了！"龙须菜一直价贱，所以这批鲍鱼吃了好久的龙须菜了。老板叉着腰看着网箱："它没有资格啦！它已经没有资格吃贵的东西了！"

鲍鱼们听不懂老板的奚落，在箱子里埋头啃龙须菜。它们更不会理解，为什么一种感染人类的病毒，会导致它们自己壳的颜色发生变化。有幸吃到这批鲍鱼的人，应该收藏它们的壳。壳上的颜色，记录了人类的这次疫情。

椶辮螺其形甚奇折叠之累累如
椶辮亦產琉球不可多得予珍藏
一枚依其式圖恨拙筆不能盡其
奇巧

椶辮螺贊
此螺狀奇
形如椶辮
鮫人結成
世所罕見

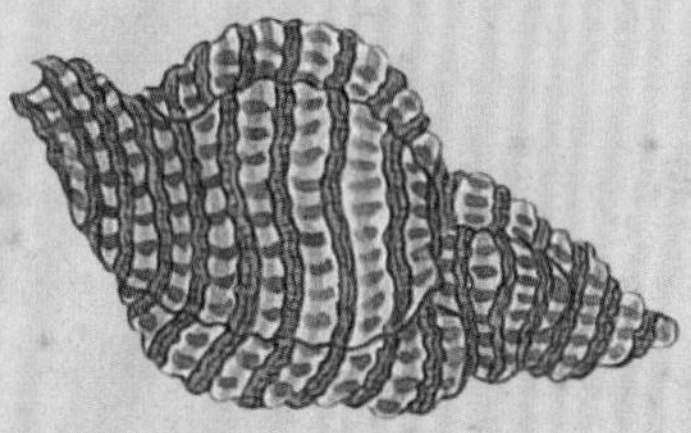

紅螺色正赤有刺產連江海岩石間甚可玩
然偶然有之不得多得

紅螺贊
日照海東螺衣賽紅
龍宮賜緋不與凡同

【棕辫螺、空心螺、手卷螺、蚕茧螺、手巾螺、砚台螺、红螺、桃红螺、钞螺】

滩头珠宝，龙宫遗珍

《海错图》中有很多种小海螺是没什么食用价值的，聂璜画下它们，是因为它们精巧绝伦，充满了几何之美。

手巾螺圓而有黑紋疊起如花手巾堆盤狀故以手巾名

手巾螺贊

海濱鄙魯居然大雅

設帨以螺龍宮弄瓦

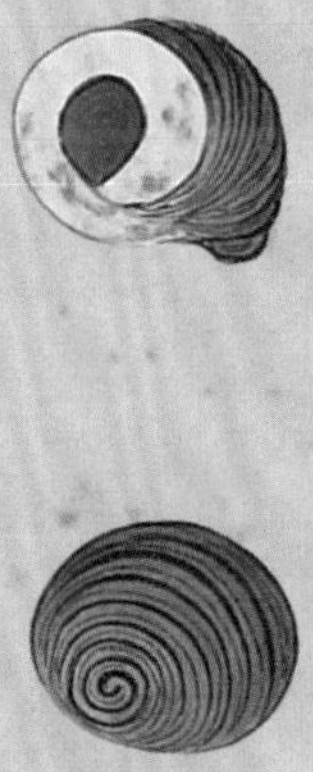

书桌上的答案

一

我喜欢收集海螺。去海边时捡一点儿，有时还会去贝展或网上的贝壳店买一些。买回来也不会像许多贝类藏家一样收在垫了棉花的小盒中，而是随意摆在我书桌上一个三层的小木架子上，那架子上还有萤石矿标、木麻黄的果实、鲫鱼头骨拼成的仙鹤、锯缘青蟹的大螯、水貂的头骨，颇似几百年前欧洲博物爱好者的“奇物柜”，我喜欢这种感觉。

聂璜也爱收集海螺。其中一枚“棕辫螺”是他特别珍爱的。“其形甚奇，折叠之累累如棕辫，亦产琉球，不可多得。予珍藏一枚，依其式图，恨拙笔不能尽其奇巧”，能看出聂璜尽其所能，把这枚螺的复杂花纹和凹凸质感写生在纸上。我看着此画，感到一种莫名的亲切，好像在哪见过……一抬眼，不就是我桌上的这枚螺嘛！

我书桌上的小奇物柜

我收藏的粒蝌蚪螺

金色嵌线螺

这是一枚粒蝌蚪螺，我已经忘了是如何获得它的了。但每天工作时，它一直在我余光范围内，所以印象很深。捏着它放在"棕辫螺"的图旁，几乎一模一样。我非常开心，要是每个考证都这么顺利多好！因为过于顺利，我就先把它放到一边，主攻那些较难的《海错图》画作去了。

2022年，我终于开始写这个螺的考证，这时才意识到一个之前没发现的问题：聂璜说"棕辫螺"世所罕见、不可多得，他在福建多年才得到一枚。但粒蝌蚪螺在东南沿海是常见种，不至于好多年只得到一个。翻阅文献，我发现了一个更有可能的原型：金色嵌线螺。首先，它被《中国近海软体动物图志》评价为"稀有种"，主要分布在台湾岛、海南岛、西沙群岛一带，符合聂璜"不可多得、产自琉球"的描述。其次，"棕辫螺"壳上有很多条平行的黑线。粒蝌蚪螺的黑线是由独立的黑疣突连成的虚线，金色嵌线螺则是黑色的实线，相比起来，金色嵌线螺更贴合原画。所以，"棕辫螺"更有可能是金色嵌线螺。

但我还是感谢粒蝌蚪螺。它在我考证时所带来的惊喜，是金色嵌线螺给不了的。

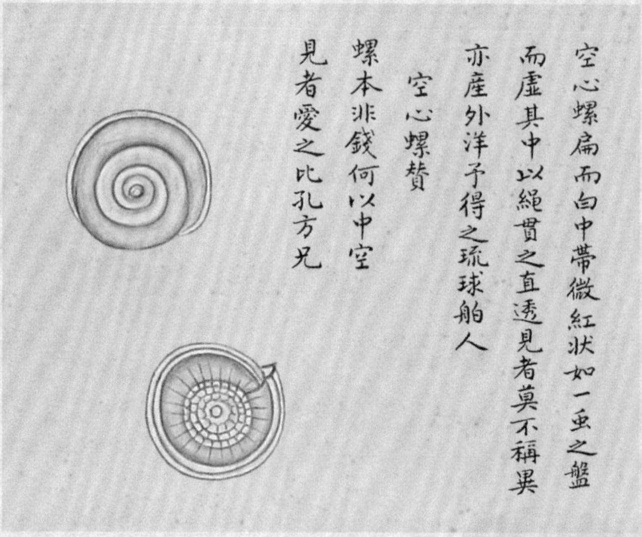

《海错图》里的「空心螺」

我收藏的轮螺，脐孔大而深，壳顶破损后，与脐孔贯通

《海错图》中还有一种“空心螺”，是聂璜从琉球国船员手里得到的：“扁而白中带微红，状如一虫之盘而虚其中，以绳贯之，直透，见者莫不称异。”这种螺，有的学者认为是多毛纲龙介虫科螺旋虫属物种的壳。这类虫子在礁石上分泌出螺旋状的石灰质管子，肉体藏在里面。但这显然是错的。聂璜特意画了“空心螺”的正面和反面，正面还有点儿像螺旋虫，反面是丝毫不像的。像什么呢？轮螺科的。

我书桌上就有一只轮螺，20年前我在海边的纪念品店买了一袋混装的各色海螺，经过搬家、结婚、养孩子，如今没剩几个了。但这枚轮螺是我特意保留下来的。它曾给我带来的惊叹，和聂璜对“空心螺”的惊叹完全一样：状如一虫之盘而虚其中，按今天的科学用语来讲就是“脐孔大而深”。一般的螺，壳一边转着圈地长，一边就把中轴给长成实心的了，只在表面留下一个肚脐眼儿式的小坑，被称为脐孔。而轮螺是把中轴给空着，绕着这个空间长，最后就跟螺旋楼梯一样，中轴成了个巨大的“天井”。聂璜画的“空心螺”的腹面观，就展现了这个结构。这个“天井”直通壳顶，如果壳顶稍微受磕碰，把尖磕掉，就会现出个小洞来，将“天井”彻底打通，拿根线可以直接把螺穿在线上。聂璜说的“以绳贯之，直透”就是这个意思。我的那枚轮螺，壳顶也是有个洞的，小时候我端详它时发现竟然可以透光，就一直保留了下来。没想到在考证《海错图》时发挥了作用。此外，“空心螺”上的其他肋状突起、沟状凹陷，都和轮螺科一样，证明“空心螺”就是轮螺。至于是哪种轮螺，就不好说了，几种轮螺长得太像，我手里这枚我都不知道是哪种。

海滩就是文房 ②

《海错图》中还有几只小螺，名字非常文雅，都源自文房用品。这些名儿大概不是渔民起的，而是在海边生活的文人起的，很可能就是聂璜本人起的。这些螺，让海滩变成了一张巨大的书桌。

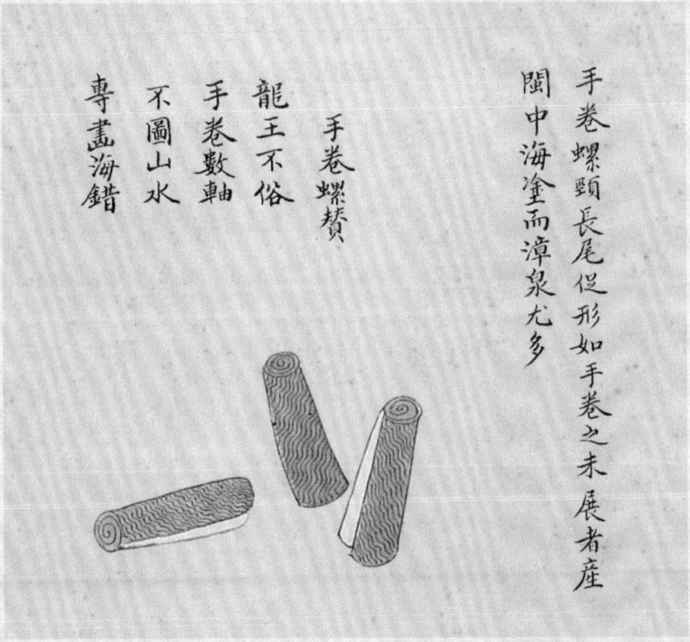

《海错图》里的『手卷螺』

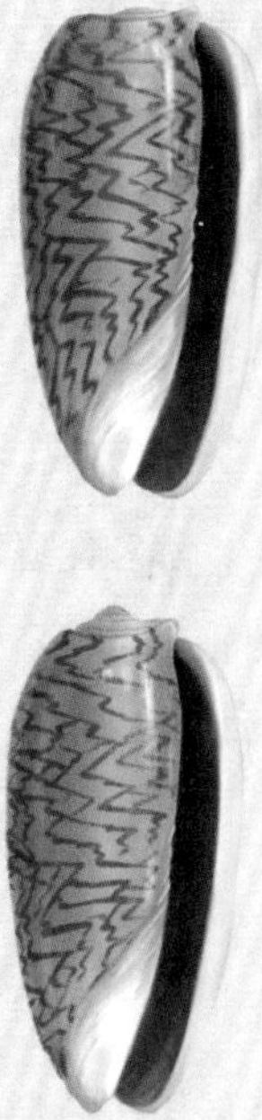

伶鼬榧螺的两种类型：壳顶凹陷型和壳顶凸出型

“手卷螺，颈长尾促，形如手卷之未展者。产闽中海涂，而漳泉尤多。”聂璜把这种螺画成了一个圆柱体，没有螺塔，螺口是一条狭长的缝，壳上有许多平行的折线纹。这是明显的榧螺属物种。这类螺基本上就是圆柱形，但两头略收口，很像浙江产的一种坚果“香榧”，故而得名。中国的榧螺里长着平行折线纹的，有陷顶榧螺、雅致榧螺、伶鼬榧螺等。陷顶榧螺是最符合“手卷螺”的，因为它的壳顶完全不突出，陷入体螺层，跟聂璜画的一样。伶鼬榧螺是另一种可能，它比陷顶榧螺更常见，被聂璜看到的概率更高。但它的壳顶突出，不符合画中样子怎么办？没关系，国家海洋局南海环境监测中心的李海涛、何薇等人发现，伶鼬榧螺的分布区内还有一类外形极似伶鼬榧螺但壳顶陷入体螺层的个体。经过分子生物学鉴定，是伶鼬榧螺的另一种形态类型。“手卷螺”很有可能是伶鼬榧螺的壳顶内陷个体。

“砚台螺，白色，背有黑斑，其面平如砚。螺口作月牙状，如砚池。”特殊的半月形螺口，一眼定为蜑螺科。再看背面，白底黑纹。这样的配色在渔舟蜑螺、齿纹蜑螺里都会出现，但只有渔舟蜑螺的内唇区像画中那样宽阔平坦。所以“砚台螺”就是渔舟蜑螺。2017年，我去深圳宣传《海错图笔记》前两册，抽空请当地朋友带我去海边转转，打算拍两张渔舟蜑螺的照片放在书里。我点名要去礁石多的地儿，

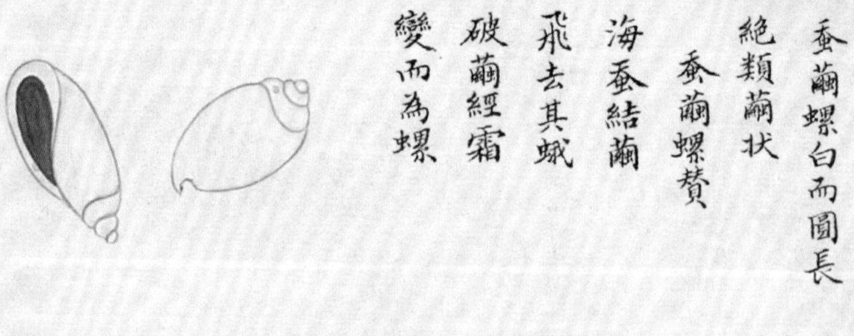

榧螺科并非都长得像香榧或手卷，也有像蚕茧的。《海错图》中的『蚕茧螺』，就是产自南海的平小榧螺之类

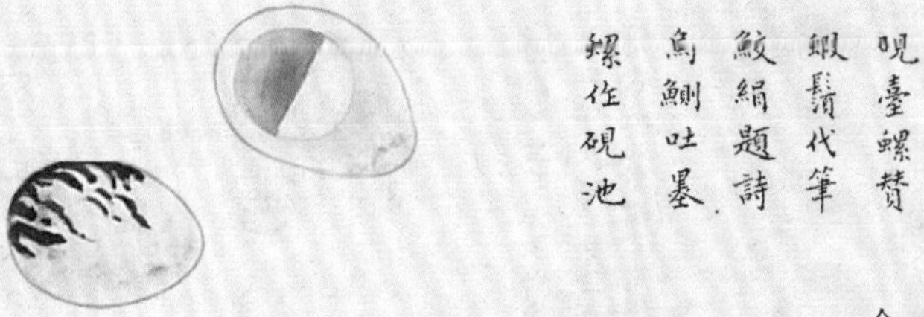

《海错图》里的『砚台螺』

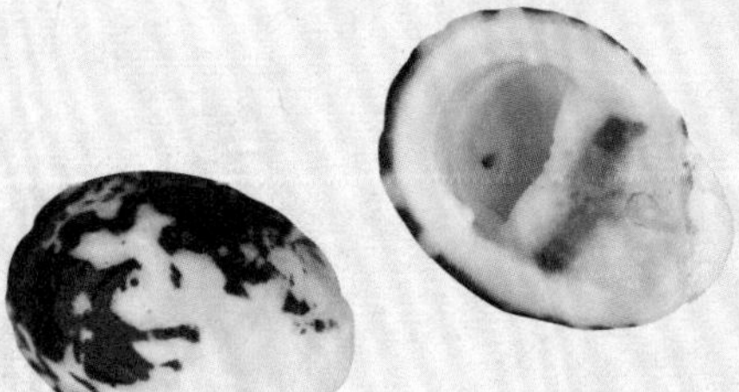

我在深圳礁石上找到的一枚最符合『砚台螺』样子的渔舟蜑螺

那里是渔舟蜑螺生活的地方。到了地方，我每块礁石挨个排查，很快找到了一枚和《海错图》中一模一样的渔舟蜑螺。我赶紧学着聂璜，把这枚螺的背面和腹面各记录一张。

三 从蜑螺名字想到的

蜑螺的蜑读作“蛋”，在字典里有三个含义：1. 中国南方住在水上的族群“疍家人”；2. 疍家人的船；3. 蛋字的异体字。关于“蜑螺”的由来，我见过几种说法：1. 疍家人喜欢用此类螺串成项链；2. 古代西方人以为此类螺会在海中浮游，就用海神涅柔斯（Nereus）的名字给它起了属名*Nerita*。中国学者翻译属名时，取“疍（古作蜑）民也在海上浮游生活”之意，命名为蜑螺。但这两种说法我都不认同，第一种说法我没找到实证，疍民的项链多为金银材质。第二种说法我问了作者本人，他说拉丁文属名的来源是美国贝类学家托马斯 · H. 艾希霍斯特（Tomas H. Eichhorst）在专著*Neritidae of the World*（译为《世界蜑螺科》）里介绍的，但中国学者翻译时的心路历程是他自己脑补的，所以也不可信。

《海错图》里的『手巾螺』。这也是一种蚕螺，一条条隆起的黑色螺肋显示它是肋蚕螺或黑线蚕螺

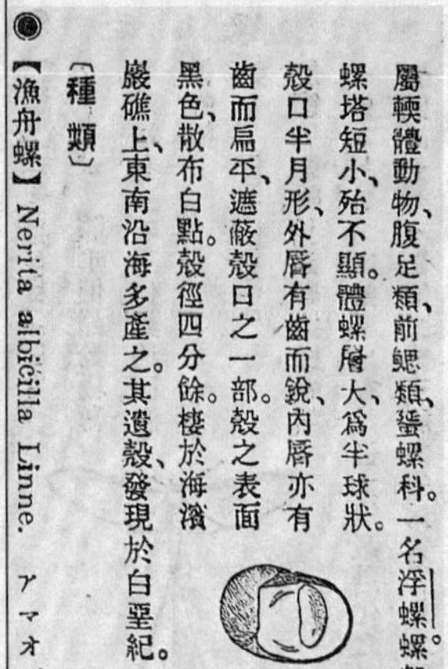
屬軟體動物、腹足類、前鰓類、蜑螺科。一名浮螺。螺殼薄。螺塔短小、殆不顯。體螺層大、爲半球狀。殼口半月形、外唇有齒而銳、內唇亦有齒而扁平、遮蔽殼口之一部。殼之表面黑色、散布白點。殼徑四分餘。棲於海濱巖礁上、東南沿海多產之。其遺殼、發現於白堊紀。

蜑螺

〔種類〕

◉【漁舟螺】Nerita albicilla Linne. アマオブネ

20世纪20—30年代中国的《动物学大辞典》中，『蚕螺』一词已被收录

我想到第三种可能：蚕既然是蛋的异体字，那蚕螺会不会指这类螺外壳如蛋般圆润？但又无法解释为何用蚕而不用蛋。我查遍中国古代文献，并无蚕螺一名。那此名在中国是何时出现的呢？贝类学者何径曾撰文猜测：贝类学家张玺和他的学生在20世纪50年代集中给一批贝类起了正式中文名，蚕螺这个名字大概诞生于此时。不过我在20世纪20—30年代中国杜亚泉等人编著的《动物学大辞典》中就发现了“蚕螺”词条，还配了手绘，确实和今天的蚕螺是同一个东西，证明在民国时期，蚕螺就已出现在中文世界。《动物学大辞典》中虽未解释蚕螺名称的由来，但词条下列举了几种蚕螺，其一名为“渔舟螺”，即前文聂璜所画的“砚台螺”（渔舟蚕螺），辞典中写道：“和名海小舟。”可以看出，渔舟蚕螺的中文名源自此螺的日文名。而且，辞典中每种动物名称都配有日文假名，说明作者将日文作为极重要的参考资料。那就翻日文古籍吧。我在江户时代（相当于中国清代）的《梅园介谱》里，找到了一幅蚕螺的图像，旁边写着两个汉字“蚕贝”！这是我能找到的最早资料，证明蚕螺一

名，大概率是来自日语。

那日本人为何管这类螺叫蜑贝呢？《梅园介谱》里在蜑字旁边注了假名发音“アマ”，此发音在日语里的含义是“捕捞水产为生的人”，但我仍然不明白此螺和捕捞水产的人有何关系。我请教了研究日本科技史的邢鑫老师，他提醒我注意一个问题：日本人是很喜欢把名词直接音译的。一方面，他们喜欢把外来词音译成日文假名，比如西方的龙（dragon）就被音译成“ドラゴン”，音如“多拉贡”（日本人难发卷舌音，爱把r变成l）。反过来，日语里本身就存在的一些土名，也会被音译成汉字，以显得正规。比如日本有一种植物，土名叫“ガンカウラン”，音如“gan kau ran”，被近代博物学者田中芳男音译成汉字“岩高兰”。

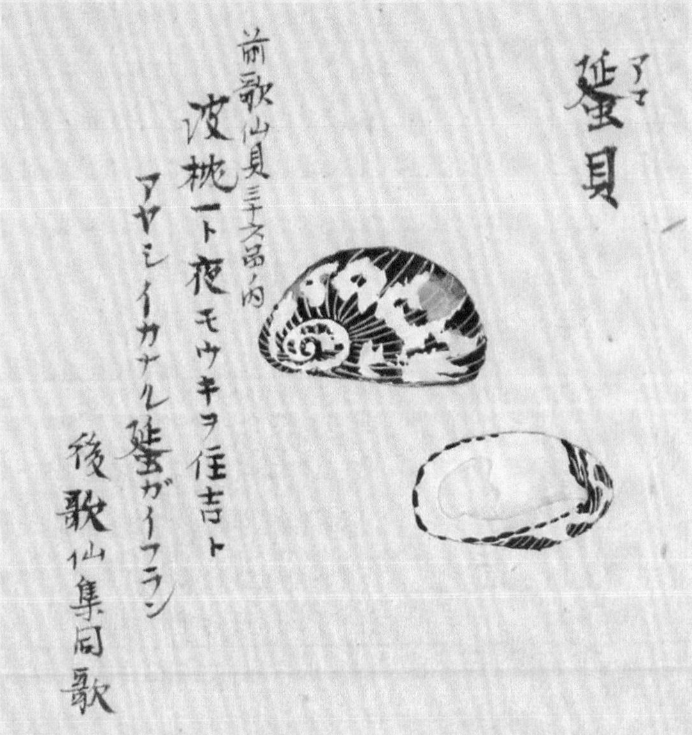

日本江户时代《梅园介谱》里的『蜑贝』

后来中国植物学界直接使用了这个写法，但这类植物其实与“岩石高处的兰草”无关，只是把同样发音的三个汉字拼在一起而已。邢鑫老师说，蜑螺很可能也是这个套路：它在日本的土名叫“アマ貝”，アマ这个发音在古日语方言里不一定指啥东西，但汉字传入后，日本人认为汉字名更正式，正好汉字“蜑”在日语里的发音也是アマ，就根据发音将其写为蜑贝。如果是这样的话，那蜑在这里就没有实际含义了。正如“沙发”的沙和发也没有实际含义。

到此，蜑螺名字的由来依然没有定论，但源自日语应无问题。

进入电脑打字时代后，蜑字在字库里很难找，大部分人甚至根本不知道它念什么。于是许多书籍开始把虫字底移到左边，印成“蜒螺”，许多爱好者甚至研究者也跟着读成了“yán螺”。对于这种现象，有人认为，科学上唯一认可的是拉丁文学名，所以中文叫啥无所谓，不妨顺民意改成蜒螺。但我觉得不行。起名为蜑螺时没有留下缘由，已经让今人摸不着头脑了，若蜒螺这种错别字名字扶成正位，后人岂不是更糊涂？届时恐怕又要发明出一些新“考证”，说什么叫蜒螺大概是因为它爬起来蜿蜿蜒蜒的，为学界平添纷扰。我小时候看过一个笑话，有个学生在作业上竖着写自己的名字“楚中天”，三个字靠得近了点儿，结果老师一点名：“林蛋大！”还有个学生横着写自己的名字“林昆”，老师又喊成了“木棍”！难道这俩学生以后就叫林蛋大和木棍了？名字起了就尽量别改，越改越乱。对于分类学更是如此。

还好，我看最近出版的贝类书籍里，“蜑螺”又成了主流写法。可能是电脑字库扩充了。

《海错图》中还有三种红色的小螺很可爱，我都放在这里说了吧。

其一为“红螺”：“色正赤，有刺。产连江海岩石间，甚可玩。然偶然有之，不得多得。”单从轮廓上看，最符合的是太阳衣笠螺。它从螺口到壳顶，每隔一段就长一根刺。但太阳衣笠螺是黄色的，“红螺”却是正赤色的。考虑颜色的话，刺螺（*Guildfordia triumphans*）的红色是相当喜人的，但是刺只在体螺层才有，螺塔上就没了，而且刺也不是红的，这两点都和画不符。紫底星螺是又一个可能的对象，它每一层都有刺，虽然螺本身不怎么红，但野生个体的壳上经常覆盖着红色的钙藻。考虑到“红螺”产海岩石间，那紫底星螺的可能性要大一点，因为只有它是生活在礁石上的，太阳衣笠螺和刺螺都是生活在几十米深的沙质海底。

其二为“桃红螺”：“圆扁而有细纹，其色浅红可爱。”我首先想到了草莓钟螺。这是世界著名的观赏螺种，草莓色的螺壳上盘绕着黑色的珠粒。但草莓钟螺不在中国分布。那就很可能是夜游平厣螺了，它和“桃红螺”一模一

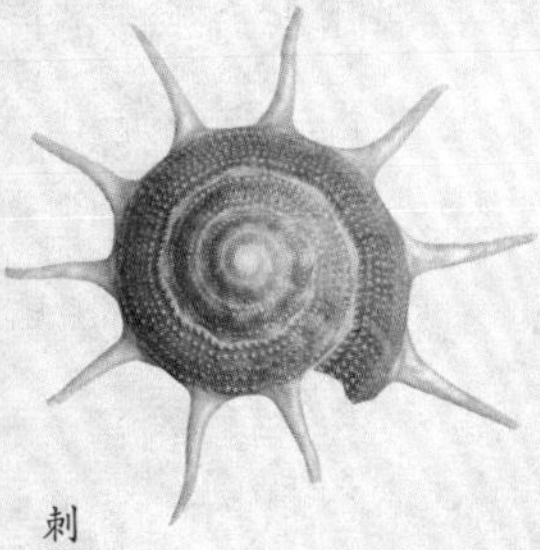

刺螺

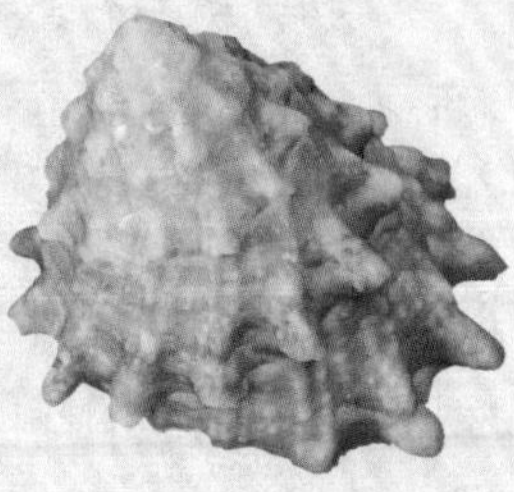

紫底星螺常被海水缸爱好者当作工具生物使用，用来给缸内除藻

夜游平厣螺

《海错图》里的「桃红螺」

样，而且生活在台湾岛南部的潮间带、珊瑚礁，聂璜在福建是很容易收集到的。还有一种可能：项链螺，这种螺一般是黄褐色，但也常有桃红色的个体。

其三为“钞螺”：“产瓯之永嘉海滨，其壳如蜗牛而文采特胜。白质紫纹而匾，壳上有白一点，置水中光烛如银。”这种螺就好鉴定多了，可以直接到种：托氏蜎螺。壳背面细密的紫红色纹，和腹面那一大块白色的脐部，是它的特点。托氏蜎螺在山东以北的潮间带沙子里相当多，越往南越少，一直能分布到广东。聂璜说它产自温州永嘉县，是符合事实的。在密集区，退潮时用筛子摇两下，就能筛出一盘子。虽然壳好看，却因多而贱。聂璜说：“遐方罕见者偶得一二枚，藏之钞囊，以为珍物，不知永嘉瓦砾之场皆是也！”

2022年，有个短视频美食主播把很多托氏蜎螺用胶水黏在院里的树上，然后开机拍摄，一边从树上摘螺一边说：“这是我们北方的田螺，会上树！”然后撒到锅里，用辣椒葱花炒炒，嘬着吃，还说：“真好吃，下回再弄点儿！”搞得我被网友@了无数回，问我这到底是不是北方的田螺。我不得不发个视频辟谣：托氏蜎螺只生活在浅海的沙中，不会爬到农民院里的树上。如果聂璜看到这个视频里主播吃得有滋有味的样子，一定会报以白眼，因为他认为这种螺肉很腥。腥韧的肉却配了个精美的壳，令聂璜想到了衣着华美的小人。于是他写了首《钞螺赞》：

其肉则腥，
其壳则丽。
小人鲜衣，
君子所睨。

不过，到了辽宁营口，托氏蜎螺还真成了美味。可能各地口味不同，也可能北方的种群真的比南方的好吃。营口人管托氏蜎螺叫“玻璃牛”，用特制的汤料稍微煮熟就捞出，配个大头针挑着吃。别看壳就纽扣大，懂诀窍的人真能挑出好长一条子肉！对当地家长来说，玻璃牛是哄娃神器，甭管多闹腾的孩子，给他怀里塞一碗，马上蹲一边挑去了，能安静好一阵。

托氏蜎螺

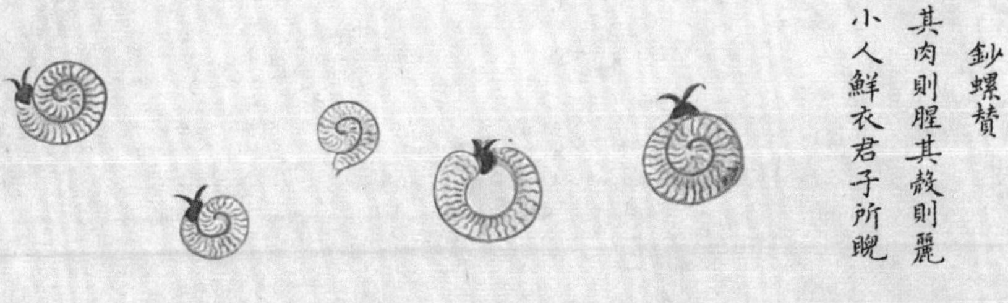

《海错图》里的『钞螺』

閩中福清出蟶栽如糠衣細每百斤可發三十擔海濱遠近分種泥塗獲利十倍四季皆鬻於市皆帶泥二両岐出殼外曰脚市者飲以水則重而味薄脚肥可辨也獲稻時則瘦而腹腐云為穀芒所敗予客閩於內有植蟶種蟶詩二首今錄其一曰蟶黃竹植土栽蟶成熟常同稻滿田町稼穡不須師后稷龍宮别有老農經

閩中泥蟶賛

兩紳拖足一笏當胸

垂紳播笏胡為泥中

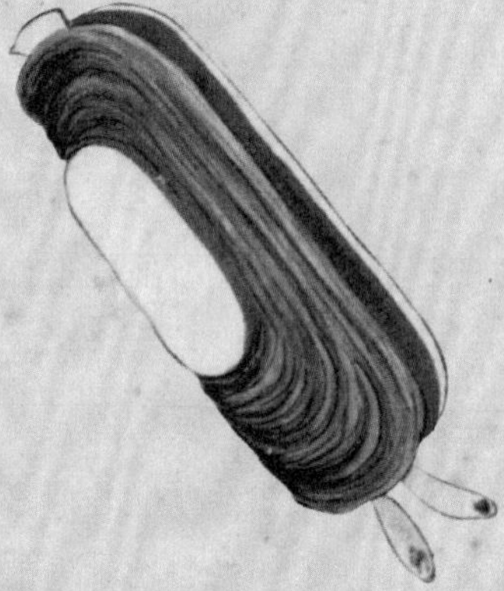

海蟶甚小云是化生

一經討論定爾成名

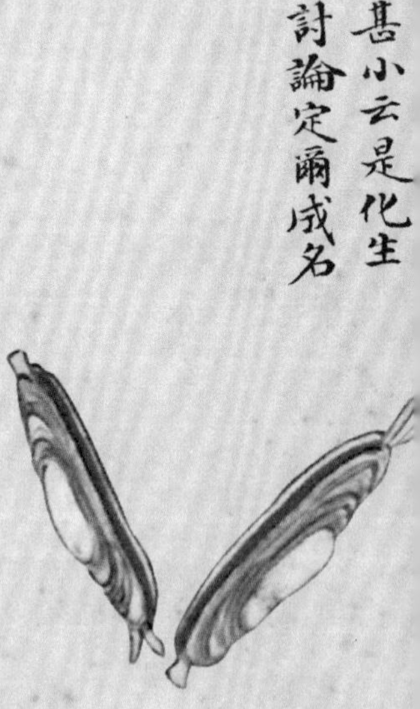

按蟶無卵而有種與蚶蛤之類同是濕生黃允周曰蟶種出自福清連江長樂等處買而種之一歲為準他處鮮種獨出於福清為奇飛鸞渡蟶肥美勝過福清長樂連江等處

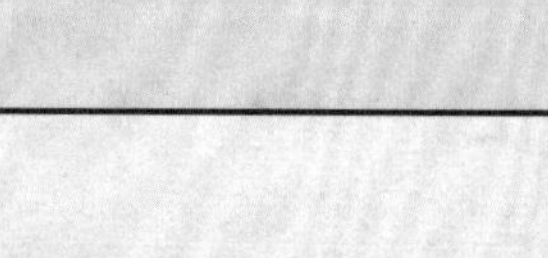

【闽中泥蛏、蛏种、竹筒蛏、尺蛏、麦藁蛏、浙蛏、剑蛏、海蛏、蛤蛏、马蹄蛏、荔枝蛏】

两绅拖足，一笏当胸

在《海错图》中，寻常的蛏子竟然也蔚为大观，自成一个世界。

蛤蟶土名淡黄殼薄肉少海人於涅塗中揀得甚多亦賤售非食品之所重也海月以下皆係蛤類荔枝蟶以上皆係蟶類蛤蟶介召其間在海錯圖中反為生色

蛤蟶贊

謂蛤不是指蟶又非
蟶蛤之間方彿衣帶

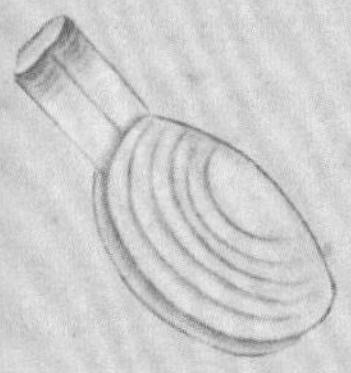

海蟶產連江海外穿石地方土人欲取以船往捕之亦不甚多其殼白而其味清鮮泥沙而甚美不知其名但曰海蟶土人云是海虫所化者愚按蟶名則一壁蟶種甚多竹筒麦藁牛角馬蹄未必不是化生不止

蛎黄竹植土栽蛏 一

清代，福建福清出产一种东西：蛏种。它是蛏子的幼体，就像米糠的外皮那样细小，连江人、长乐人从福清买来蛏种，“种”在滩涂上。每百斤蛏种可收获三十担的成蛏，获利十倍。成熟的养殖模式使它四季都能供应市场。有奸商会把蛏子泡在淡水里，蛏肉吸水后就压秤，但味道会变得寡淡。辨别的方法就是看“脚”，即蛏子一端伸出壳外的两条肉管子，“脚”肥的就是泡过水的。

以上是聂璜记录的清早期人工养殖蛏子的盛况。他还在《海错图》里绘制过福建人用竹子养牡蛎的画面。这种耕海的民风使他颇感兴趣，诗兴大发：

蛎黄竹植土栽蛏，
成熟常同稻满町。
稼穑不须师后稷，
龙宫别有老农经。

中国古代的人工养蛏，明代就多有记载。《闽书》就把养蛏子的滩涂称为“蛏田”“蛏埕”“蛏荡”。至于为什么连江人、长乐人要从福清买蛏种，民国时期的《清稗类钞》说出了原因：“蛏产卵期在春冬间，孵化后常随海潮漂至他处，聚与浅海之岸，稍长，即须移植。故种蛏者常买蛏苗于他岸也。”此法至今依然。到了春天，渔民来到蛏苗聚集的海涂，把泥巴从水底铲起来，堆成高于海面的一垄。蛏苗为了呼吸，会从泥巴的各处富集到垄的顶层。等到垄面出现密密麻麻的呼吸孔，渔民就把表面这层泥刮进长筒的网兜里，左摇右摆涮掉泥沙，留下满网的蛏苗。

二 垂绅搢笏，胡为泥中？

这种闽人养殖的蛏子，聂璜称之为“闽中泥蛏”。他把蛏子的两根水管称为“脚”是错误的，其头水管那一端是头，脚在另一端，是一截可以伸缩的粗肉棍，称为“斧足”。在泥中，斧足可以快速挖洞，没有经验的人如果用铲子挖蛏，是快不过它的。聂璜还将两根水管比作绅士的“绅”，即士人的腰带；蛏壳则被他比喻为官员上朝的笏板。他写《闽中泥蛏赞》揶揄：

两绅拖足，
一笏当胸。
垂绅搢笏，
胡为泥中？

你两根腰带拖到脚，一块笏板在胸前，不是当官的就是高级知识分子，怎么跑到泥巴里去了？

缢蛏的壳中部有一处缢缩的沟，好像被无形的绳子勒过

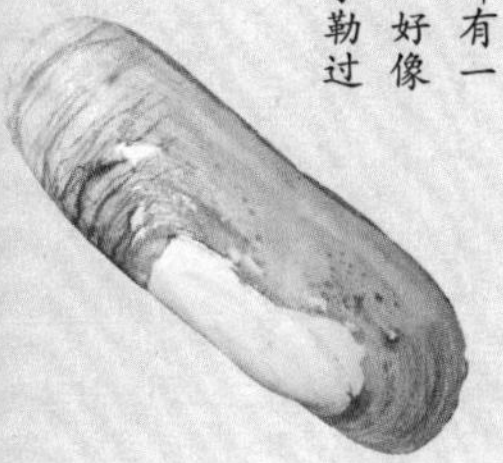

聂璜给这种蛏子画了像，很好认，就是如今最常见的蛏子——缢蛏。这种蛏子的壳中段微微向内凹，好像被无形的绳子缢了一圈印儿，因此得名。

三 有蛏如尺，不量短长

北京的市场上，曾经多年来只有缢蛏。我也跟着以为蛏子只有这一种。长大后走南闯北，才见识到各种模样的蛏子。

最震撼我的是大竹蛏（*Solen grandis*）。它俗名“蛏王”，光壳就能长到13厘米，再加上缩不进壳里的斧足和水管，就更可观了。市场上常把好几只大竹蛏用皮筋捆成一束，水管朝下插在浅水里售卖。这和蛏子在泥沙里的姿态正相反，相当于倒立，但仔细一想很有道理：水管浸在水里，可以使蛏子保持吸吐水，维持呼吸；斧足在上，无所借力，

辽宁丹东市场的大竹蛏。注意看它的水管，是一节一节的，有些节已经断开，接近脱落。大竹蛏和长竹蛏的水管极易一节节脱落，因为水管常露出海底，易被天敌攻击，一被攻击，它们就主动收缩肌肉，使水管脱落一节或数节，从而避免全身被天敌拽出海底。脱落的部分形似猪鼻，被称为『蛏鼻』，会被捕蛏人收集起来做成罐头

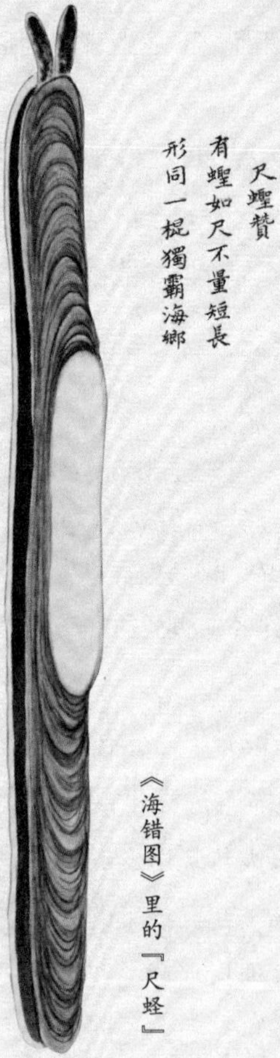

《海错图》里的『尺蛏』

省得蛏子到处跑；肥嫩的斧足露在外面，可勾引顾客食欲。还有一种长竹蛏（*Solen strictus*），比大竹蛏小一号，壳长7厘米左右，但更加常见，也是用捆成一束的方法卖的。聂璜画了一种“竹筒蛏”，说“食者常束十数枚为聚蒸之，味甘而美，胜于常蛏”，指的应该就是大竹蛏或者长竹蛏。

不过，聂璜说竹筒蛏“长仅三寸许”，三寸就是10厘米左右，这可是蛏子里的顶级规格了，怎么能用“仅”呢？原来他在旁边还画了一种更巨型的蛏子——“尺蛏”，“其长如尺”，并不常有。海民告诉聂璜：“或时有，或时无，疑是外海飘至，故不多得也。”其长如尺，一尺大约是33.3厘

米，比成人小臂还长，哪怕是最大的大竹蛏，也得两根连起来才能达到这个尺寸。中国可没有一种蛏子能长到这么大！

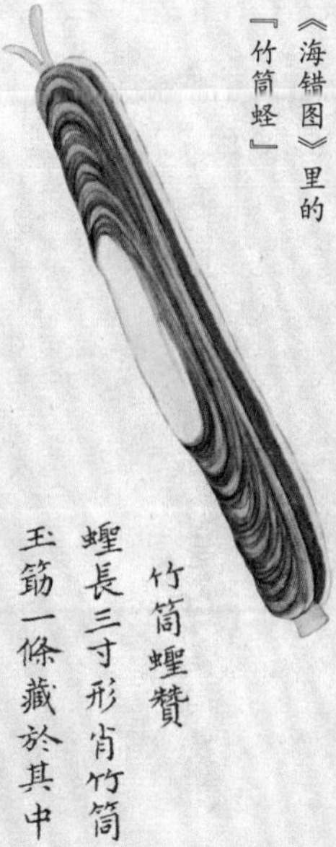
竹筒蟶賛
蟶長三寸形肖竹筒
玉筋一條藏於其中

《海错图》里的『竹筒蛏』

我想了两种可能的答案。

1. 某种华蛏蚌属物种。这个属其实是一类河蚌，但壳瘦长，很像蛏子。中国现存两种。一种是龙骨华蛏蚌（*Sinosolenaia carinata*），它是中国已知最长的河蚌，可达35~41厘米！完全符合“尺蛏”的尺寸。但龙骨华蛏蚌目前只分布在江西、湖南，以前是否存在于东南沿海的河湖中，还不确定。另一种是橄榄华蛏蚌（*Sinosolenaia oleivora*），这种在长江下游的水网里数量很多，现存的标本有长21厘米的个体，古代数量更多时，近一尺的个体应该不少。橄榄华蛏蚌壳形极似蛏子，也是传统的食用河蚌，被运到沿海市场冠以“尺蛏”的名头，是有可能的。但它毕竟是淡水贝类，如果清代渔民是在海中捕到的“尺蛏”，那就不是它。

被捆成一扎立着卖的长竹蛏，露出肥嫩的斧足。若这样立着插入竹筒或碗中蒸熟，就叫『插蛏』。闽南有些地区形容人头攒动，就会说『人多得像插蛏』。

产自河南信阳的橄榄华蛏蚌老年个体，壳长21厘米

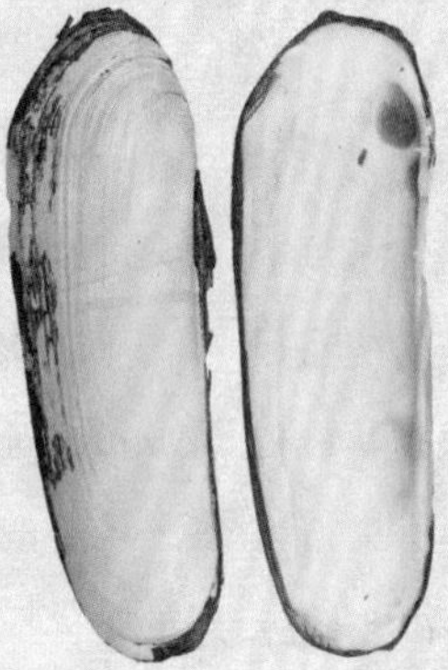

巨刀蛏

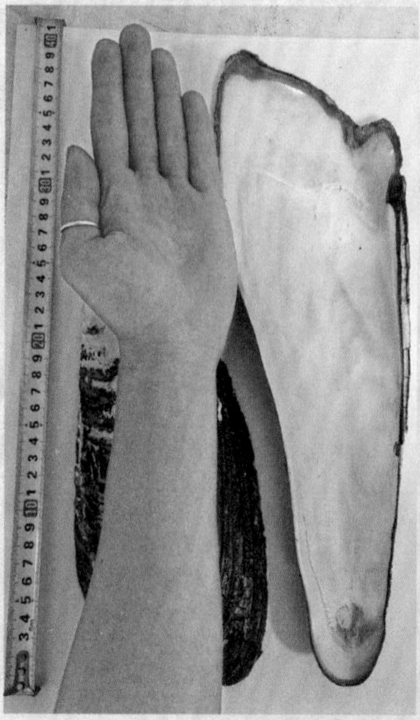

龙骨华蛏蚌，中国现存最长的河蚌，壳长可达41厘米

2. 巨刀蛏（*Cultellus maximus*），它生活在东南亚海里，即使在东南亚都不常有。泰国的美食主播“泰国小老虎”有一次通过微信问我，他在泰国买到了一种巨大的蛏子，老板说每年只有一两个月才有，我一看就是巨刀蛏。这种热带大蛏子若被出远海的中国渔民获得，或者苗种随洋流零星来到中国海区，就符合“或时有，或时无，疑是外海飘至”了。但问题是，巨刀蛏只是因为宽才看着大，其实长度也只有一只手那么长，和大竹蛏差不多，远没有一尺长。所以“尺蛏”是何物，依旧是悬案。难道是一种在清代就数量稀少、如今彻底灭绝的蛏子吗？

除了大蛏子，聂璜还记录了几种小蛏子。

“麦藁（音gǎo）蛏，其壳细长如麦草状。产福清海边，亦可食，他处则鲜有也。”这可能是长竹蛏的幼体，也可能是直线竹蛏、黑田竹蛏。

釼蟶贊
長釼倚天日月爭明
餘光落海化為小蟶

《海错图》里的「剑蛏」

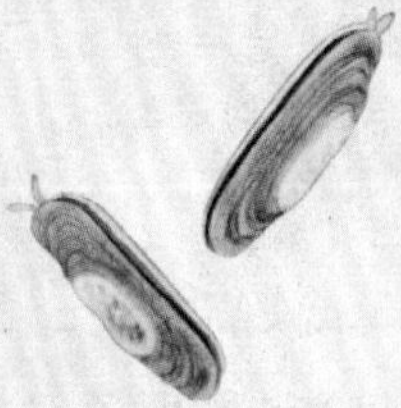

“浙蛏，小而壳薄，止（只）用汤淋便熟。”“剑蛏，惟产闽之福宁、宁德。似蛏而小，壳薄且区（汪：小），而味清。夏月始有。其壳白色而锋利，故以剑名。”这两种小而壳薄的，可能是刀蛏属的花刀蛏、小刀蛏或尖刀蛏。

“海蛏，产连江海外穿石地方。土人欲取，以船往捕之，亦不甚多。其壳白而其味清，鲜泥沙而甚美。不知其名，但曰海蛏，土人云是海虫所化者。”此蛏在《海错图》中个体最小，可能是小荚蛏。它的壳长只有2厘米多，南方市场偶有供应。但也可能是其他蛏子的幼体。

《海错图》里的「麦藁蛏」

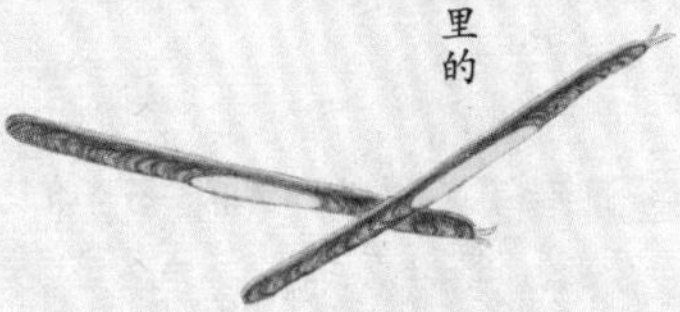

浙蟶贊
浙蟶種小但產冬春
閩粵海鄉四季皆生

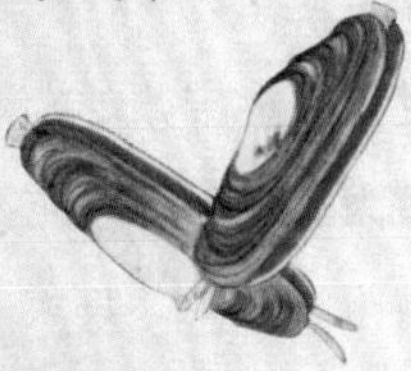

《海错图》里的「浙蛏」

小刀蛏其实长到成体以后并不小，壳长可达7厘米以上，算大型蛏子了。它的壳又薄又脆，被浙江舟山一带人称为「本地蛏子」，潮汕人则叫它「蟟蛁」

厦门市场的长竹蛏

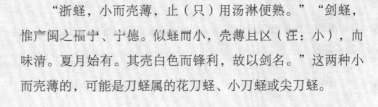

《海错图》里的「马蹄蛏」

馬蹄蟶贊
天馬行空忽落海濱
涔蹄遺跡變為蟶形

“蛤蛏，土名。淡黄，壳薄肉少。海人于泥涂中捡得，甚多。亦贱售，非食品之所重也。”聂璜认为此物“谓蛤不是，指蛏又非”，看图中所绘，还是应为某种蛤。以海涂中甚多、壳淡黄而薄来猜测，可能是樱蛤科的物种。

“马蹄蛏，其壳如马蹄状，产福清海涂。其肉烹食，亦松脆而味清。”这就不好说了，很多贝类长得都像马蹄。

需要注意，以上这些都是根据市场常见度做的猜测，中国的蛏子有几十种，再加上像蛏子的其他贝类，就更多了。具体定种需要看壳宽与长的比例、壳的花纹、韧带位置等，但聂璜作为古人，不可能注意到这些细节，所以这些古图的参考价值并不大。

四 有果无根，荔枝为蛏

在《海错图》里的一堆蛏子中间，混着一只奇怪的动物。

甚至都看不出这是个动物，更像是麦克风。福宁州的郑次伦亲眼见过此物，又恰好擅长水墨丹青，为聂璜画下了它的样子，并做了描述：“荔枝蛏，生福宁南路海泥中，其大头形如荔枝而色灰白，上有一孔似口，后一断细长似尾，陷于土内，皆有薄壳。”说实话，这个图画得并不写实，“上有一孔似口”就没画出来。想必郑次伦也是凭印象画的，有所失真。但好在画出了气质，抓住了灵魂，尤其是文字描述很准确，令今天的我们可以看出，这是筒蛎总科的贝类。

筒蛎又叫“滤管蛤”，是非常冷门的一个类群，几乎没人吃，海边也不易见。它小时候在大海里自由生活，长着两片壳，还能看出双壳纲的样子。渐渐地，它钻进海底，分泌出一根长长的石灰质管子，身体就住在里面。原先的两片壳反而小小的，镶在管子上，只作为证明它是双壳纲的LOGO，无足轻重了。管子的前端凸出成半球状，密布小孔，酷似荔枝。外圈常围着一圈饺子边状的小管。正中央还有一条中央裂缝和外界相通，正是“上有一孔似口”。

如此怪形，一般人绝对无法将其和贝类联系起来。但聂璜却准确地把它放在双壳贝的部分，他是如何做到的？原来，郑次伦告诉他：“其大头内肉如蛎黄，身后细肉脆美而另有一味。”既然吃着像牡蛎，牡蛎又是双壳贝，那“荔枝蛏”肯定也是双壳贝了。吃货分类学在此获得了巨大的成功。牡蛎可以生吃，但“荔枝蛏”生吃口味不佳。为避免后人踩坑，聂璜特意在《海错图》中做出重要指示：

有果无根，
荔枝为蛏。
不堪生啖，
止可煮羹。

《海错图》里的「荔枝蛏」

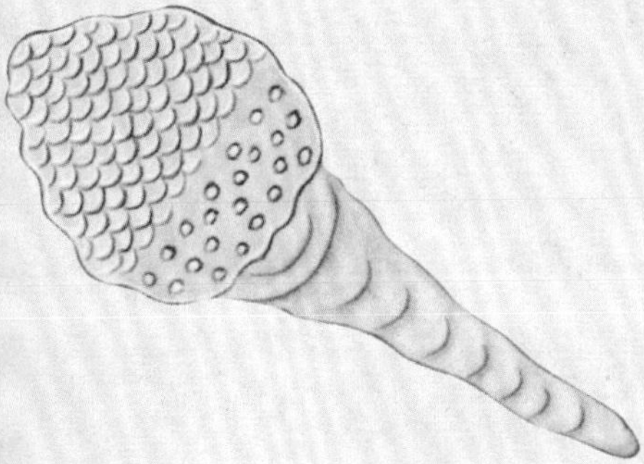

筒蛎的壳

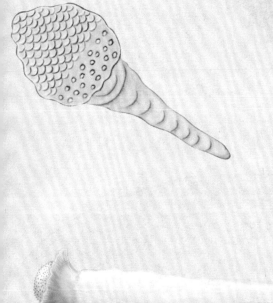

第三章 虫部

腹下兩旁列小肉刺如蠶足採者去腹中物不剖而圓乾之烹洗亦如白參法柔軟可口勝於白參故價亦分高下也邇來酒筵所需到處皆是食者既多所産亦廣然煮參非肉汁則不美日本人專嗜鮮海參柔魚鰒魚海鰍腸以讌客而不用豬肉以其飼穢故同回俗所烹海參必當無味予謂鮮參與乾參要必有異外國之味姑且無論第就遼廣二參以辨高下蓋有說焉廣東地煖製法不得不用灰否則糜爛矣既受灰性所以煮之多不能爛遼東地氣寒參不必用灰而自乾本性具在故煮亦易爛而可口所以有美惡之分且北地之物性歛於内諸味皆厚廣南之物性散於外諸味皆薄粤諺有之曰花無香食無味海參其一端也漢逸曰然哉方若望曰近年白海參之多皆係番人以大魚皮偽造嗟乎邇來酒筵之中鹿筋以牛筋假鰻魚以巨頭螺肉充今又有假海參世事之偽極矣

海參總贊

龍宮有方久傳海上
食補勝藥參分兩樣

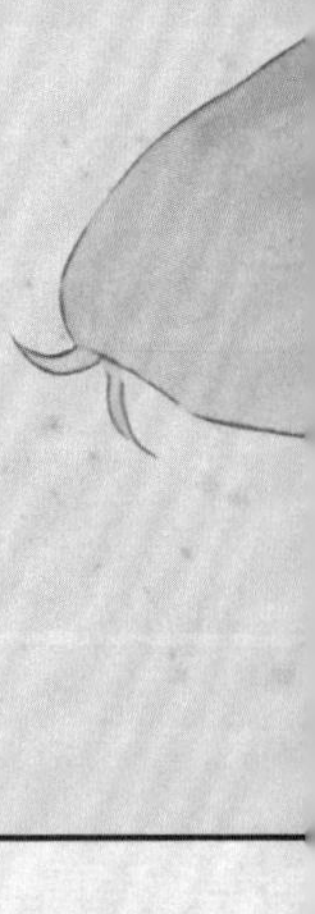

【海参、泥蛋】

海中人参，泥中软蛋

无眼无足，令人迷惑的动物，却被中国人视为海错珍品。

考彙苑異味海味及珍饌内無海參燕窩鯊翅鰒魚四種則令人所食海物古人所未及嘗者多矣若是則郇公之香廚段氏之食經豈不尚有遺味耶張漢逸曰古人所稱八珍亦無此四物鰒魚本草内開載海參不知興於何代其味清而腴甚益人有人參之功故曰參然有二種白海參產廣東海泥中大者長五六寸背青腹白而無刺採者剖其背以蠣灰醃之用竹片撐而晒乾大如人掌食者浸

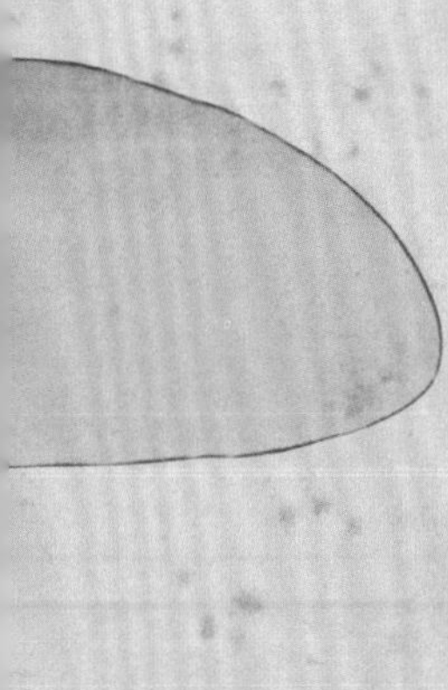

后来居上的珍馔 一

海参、燕窝、鲨翅、鲍鱼，在清代是公认的四大珍味。但聂璜发现，他经常参考的那本包罗万象的明代古书《汇苑》中，不管是异味、海味还是珍馔的类目下，都找不到这四种东西，所以他认为："今人所食海物，古人所未及尝者多矣。"他与朋友张汉逸谈及此事，张汉逸也早就发现了这一点，补充道："古人所称八珍，亦无此四物。"聊到海参，张汉逸说，也不知道海参是什么时候火起来的。它的味道清爽，口感肥美，而且有人参一样的功效，"海参"这名儿就是这么来的。

两人又谈到南北海参的口感。众所周知，北方的海参比南方的好吃。原因是什么呢？聂璜认为，广东炎热，在那里捕捞的海参必须用牡蛎壳做成的石灰腌制，才不会腐烂，但过了一道石灰，就受了"灰性"，"所以煮之多不能烂"。而辽东地气寒，海参不用石灰就能自然风干，保持了本性，煮之易烂可口。而且"北地之物，性敛于内，诸味皆厚；广南之物，性散于外，诸味皆薄"。张汉逸点点头："然哉。"

梅花参是海南和三沙群岛出产的一种巨型海参，一根肉刺常常有多个分支，如同梅花。梅花参是南方海参中的极品

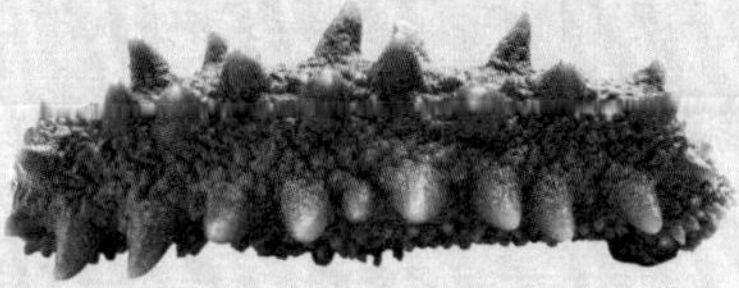

仿刺参是北方海参的代表，也是最著名的食用海参

糙海参已经成功实现人工养殖，在华南的海鲜市场可见

二 北参和南参

一些广域分布的海物，北方的品质更佳，可能是因为北方水冷，海物生长慢，风味物质容易累积。但海参却并非如此。北参比南参好，最重要的原因是物种不同。看看聂璜画的海参就明白了。他画的北方海参是黑色带肉刺的，产自辽东、日本，“长五六寸不等，纯黑如牛角色，背穹腹平，周绕肉刺，而腹下两旁列小肉刺如蚕足。采者去腹中物，不剖而圆干之……柔软可口”。这就是今日著名的“辽参”，也常被称为“刺参”，其实正式名叫“仿刺参”（*Apostichopus japonicus*），是刺参科仿刺参属在中国的唯一物种。南方参代表则是一种白色的海参：“产广东海泥中，大者长五六寸，背青腹白而无刺。采者剖其背，以蛎灰腌之，用竹片撑而晒干，大如人掌。食者浸泡去泥沙，煮以肉汁，滑泽如牛皮而不酥。”它被聂璜称为“白参”，如今华南市场上也卖一种叫“白参”或“明玉参”的海参，正式名叫“糙海参”（*Holothuria scabra*）。它无刺而肥胖，后背青灰色，腹面白色，应该就是聂璜画的白参。

中国的海参种类繁多，要么软软一摊，要么皮糙肉韧，唯有仿刺参口感最佳，而仿刺参恰好分布在北方海域。这只能说北方比较幸运，而不能证明北方海参优于南方海参。因为北方除了仿刺参还有二三十种海参，都不怎么好吃。

海底洗沙器 三

写此文时，我问中国科学院南海海洋研究所西沙站的霍达老师，能否提供两张糙海参的照片，他马上给我发来一堆：“实验室正好在做糙海参的增殖放流！”

霍老师的研究方向是热带海参的繁育，再将它们放归到三沙群岛的大海中——不是为了吃，而是做生态修复。海参如推土机般翻动沙子，能活化海床，促进海底物质的释放。海参的口周围有几条羽毛状的触手，每时每刻地往嘴里划拉，连沙子带有机物碎屑都吃进肚里。沙子经过它长长的身体，从肛门排出来的时候，就变得干净了。有机物碎屑也变成了能被藻类和植物利用的无机肥料。所以说，一只海参就是一台“洗沙器”。另外，海参拉出很多碱性的无机氨，可以缓解海水酸化对珊瑚的破坏。因此海参多的地方，海草、珊瑚都会长得比较好。

一片健康的热带浅海，应该是遍地海参的。我在三沙群岛和东南亚蹚过很多这样的浅海，海底到处是纯黑的玉足海

两米长的斑锚参，经常吓到热带海滨的游人

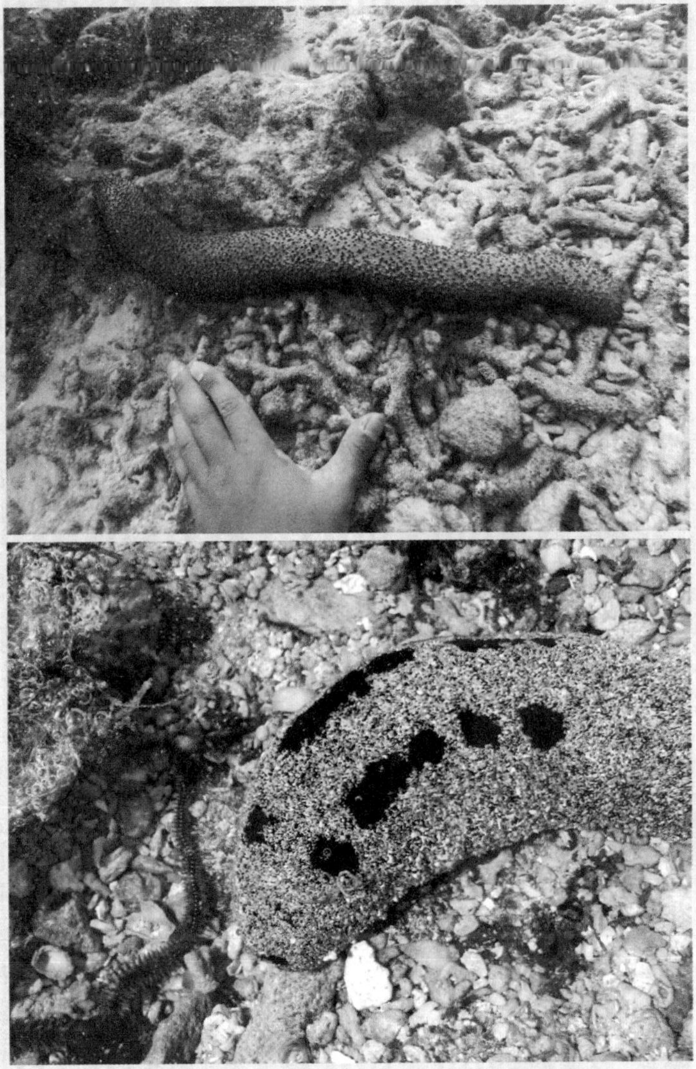

在中国南海、东南亚的浅海，最常见到两种纯黑的海参：玉足海参（上图）和黑海参（下图）。玉足海参受惊会吐出居维氏管，摸起来软一些，活体不沾沙子。黑海参不会吐居维氏管，摸起来比较硬，活体常沾满沙子，唯有背部两排区域无沙

参和身体沾满沙子的黑海参，如同巨人在此到处撇大条，几乎没有下脚的地方，颇为硌硬人。最硌硬的是遇到斑锚参。这种海参极长，蜿蜿蜒蜒足有两米，常吓得游客惊呼“海蛇”。若捞起来，它也不会像其他海参那样紧张变硬，而是如鼻涕般软塌塌的，垂下来有一人多高。我这么喜欢自然，对此物都接受不了。不过我算老几呢？兴旺的海底生机勃勃，大家都在忙碌地生活，谁管你们人类在鬼叫什么。

泥蛋之谜

四

《海错图》中有一幅“泥蛋”，此物形如鸡蛋，“生海水石畔”“剖之，腹有小肠”。有学者认为这是海鞘，但海鞘有两个突起的进出水口，泥蛋没有；且海鞘常年附生在同一处，而泥蛋“冬春始有”；东亚能食用的海鞘是真海鞘（*Halocynthia roretzi*）和红海鞘（*Halocynthia aurantium*），它们的野生分布地在日本、韩国和俄国，而泥蛋产自福建连江；真海鞘和红海鞘是浓艳的红色，而泥蛋“色浅红”；泥蛋“味同龙肠（注：方格星虫、单环刺螠等生物），宴客为上品”，而中国人根本没有吃海鞘的习惯，海鞘的口感也和方格星虫之类完全不同。

综上，我认为泥蛋并非海鞘，而可能是海参纲芋参目尻参科的海地瓜（*Acaudina molpadioides*）。这是一种非常不像海参的海参，从山东海域一直分布到海南岛海域，生活在浅海沙子下，民间也有少量食用习惯。中国红树林保育联盟理事长刘毅老师就自己试吃过“海地瓜炒韭菜”，并拍视频记录。吃了一口海地瓜，他评价其“像煮熟的羊皮”，第二口吃的是韭菜，评价是：“还是韭菜好吃。”我给刘毅看了《海错图》中泥蛋的图文，他也认为是海地瓜。因为以他的观察经验，海地瓜平时躲在沙子里看不到，在冬春会被风浪卷到岸边礁石区大

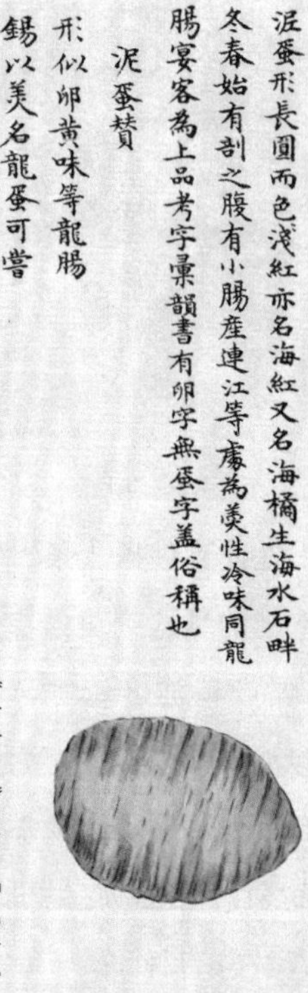

《海错图》里的『泥蛋』

海地瓜正准备用吻部掘泥，钻回地下

2月份的福建厦门，被海浪卷到岸上礁石间的大量海地瓜

红海鞘

量出现，正好对应“生海水石畔”“冬春始有”。

现在几乎没人吃海地瓜了，它的用途改为被赶海主播剖着玩，展示给观众看。鼓囊囊的海地瓜，一剖就喷出一肚子海水，可以打造最好的完播率。

五 海参的日本料理

我很不爱吃海参。吃它是为了什么呢？营养？我不信它比牛肉、鸡蛋好使。口感？我不喜欢那种胶冻感。味道？除了腥味，啥味没有。要好吃，得靠调味汁。但是有那么香的汁，我浇肉、浇菜、浇米饭不好吗？家里老人干海参买多了，给了我一些，我一直冻在冰箱里。

聂璜也明白让海参好吃的秘密：“煮参非肉汁则不

美。”这肉汁，指的是猪肉汁。《随园食单》里记载的海参做法是：“用肉汤滚泡三次，然后以鸡、肉两汁红煨极烂……大抵明日请客，则先一日要煨，海参才烂。”鲁菜“葱烧海参”的那个汁，也得用猪油来做才行。聂璜写到这，开始鄙视起日本料理：“日本人专嗜鲜海参、柔鱼、鳆鱼、海鳅肠以宴客，而不用猪肉，以其饲秽，故同回俗，所烹海参必当无味！”

《栗氏虫谱》记载，日本宫城县的金华山海域出产图中这种『金海参』，被视为珍品。天气晴朗时，它会在海底伸出花朵般的触手，日本渔民称其为『金哥开花』。此物肚子里干净，没有一点儿沙子。黄色内脏的好吃，绿色内脏的不好吃。日本人喜欢连着黄色内脏一起生吃。从图可知，这是瓜参科的海参。如今中国市面上有一种干品『北极参』或『海瓜参』，就是这类瓜参科的海参

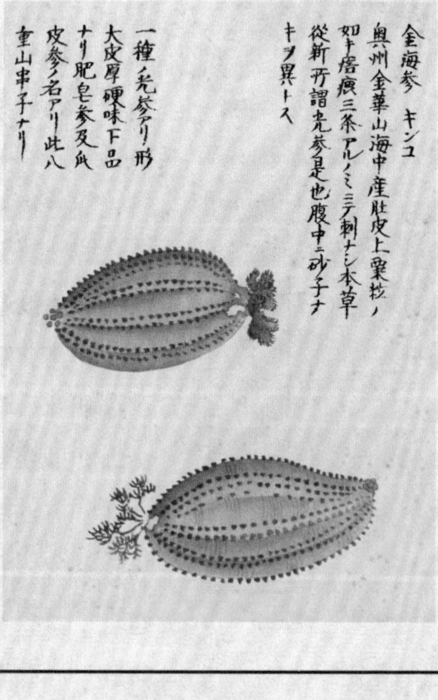
金海参　キンコ
奥州金華山海中産肚皮上粟粒ノ如キ瘖瘰三条アルノミニテ刺ナシ本草從新所謂光参是也腹中ニ砂子ナキヲ異トス
一種光参アリ形大皮厚硬味下品ナリ肥皂参又瓜皮参ノ名アリ此八重山串子ナリ

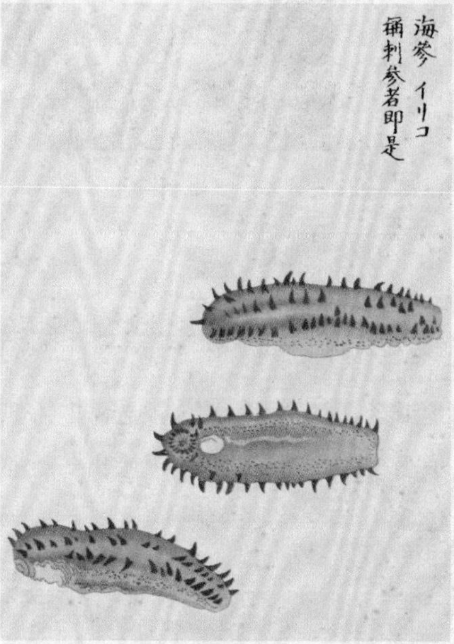
海參　イリコ
稱刺参者即是

日本江户时代后期《栗氏虫谱》中的仿刺参。作者栗本丹洲写道：『海参，我国产量颇丰，外国产量少，所以常作为商品和外国船舶交换货物……为我国带来繁荣的海参自有其煮法：将其浸泡一夜，用白水煮一个时辰，再浸泡一夜，再煮一个时辰，煮到能用筷子把筋夹断为止，放入底汤中煮至充分入味。』

“同回俗”有点儿过了，其实日本自古以来一直吃猪肉，只不过上流社会比平民吃得少，吃的也多为野猪，家猪养殖长期以来没怎么发展，猪肉做法也简单，远远比不上中国菜。豚骨拉面、炸猪排等著名“日本料理”，都是近代才从他国传入日本的。在聂璜那个时代，日本人是绝对想不出“肉汁煨海参”这等做法的，被聂璜鄙视也不算冤枉。

海参造假

六

广东的白海参已是海参之下品，但依然有人造假。友人方若望告诉聂璜：“近年白海参之多，皆系番人以大鱼皮伪造。”聂璜听后，仰天长叹：“嗟乎！迩来酒筵之中，鹿筋以牛筋假，鳆鱼以巨头螺肉充，今又有假海参，世事之伪极矣！”

这种感叹很熟悉，今天人们不也这么喊：“假烟、假酒、假手机，这个社会怎么了！”其实社会自古如此，只要利大可图，就有造假。海参造假，当今依然存在。不法商人会在干制海参时放大量糖，海参吸了糖就会变重。逼得有些顾客买海参时，还得舔舔甜不甜。聂璜提到的“鳆鱼（鲍鱼）以巨头螺肉充”，现在也有。直播带货的主播挥舞着塑封好的巨大螺肉：“家人们，这是咱家的黄金鲍啊，现在下单我给你发两只，发四只，还不够？八只！”这些形似巨型鲍鱼的螺肉，为啥没有鲍鱼壳？因为它们是非洲的宽口涡螺的腹足。人们从涡螺壳里挖出螺肉，塑封好，印上“黄金鲍”的汉字。稍微烹调不得法，这些“黄金鲍”就硬得难以下咽，若去找商家，人家还告诉你：“家人，‘黄金鲍’是商品名哈，咱们没有说它是鲍鱼。”

世事之伪极矣，而世事如常。

第四章 草部

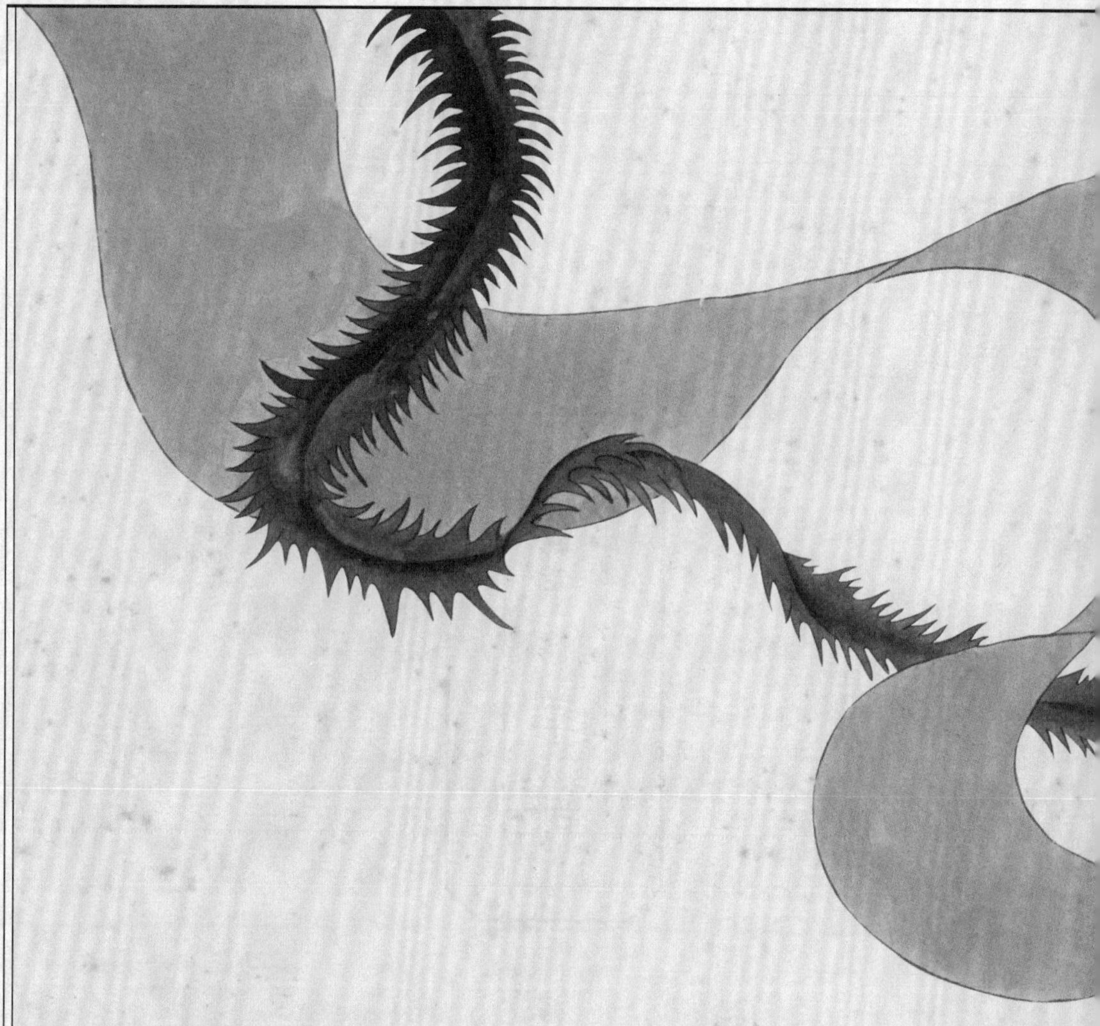

海帶產外海大洋光邊者在水時杏黃色濶七八寸毛邊者紅黑色濶半尺並約長一二丈不等出水乾之皆作黃綠色其狀如旂如帶毛邊者其尖兩短一長如火焰旗式尤奇古人作海賦者若孫興公木華子張融等不一所賦之物皆虛空摹擬未能親見奇物也使得覩海帶文壇尤當技癢

海帶贊

龍王號帶
若紅若黃
飄颻海上
旖旎央央

【海带、海裙布】

龙王号带，若玄若黄

中国本不产海带，《海错图》中为何有一幅壮观的海带图？

海带是荤的还是素的？

一

2020年，我去福建东山岛拍摄了一段海带养殖场的视频。2021年，有拖延症的我把视频传到网上。片中，我拎起一根海带，把它的根状固着器拿到摄像头前，讲解道：“海带就是用它附着在海底或者绳子上的。这个叫固着器，或者叫假根，因为海带不是植物，不能叫根。”结果这几秒画面的弹幕突然满了：“？？？”“海带不是植物？”“那海带是荤的还是素的？”

有一些知识点，是能养活科普人一辈子的。因为年年讲，年年都有大量的人不知道。比如中国没有蜂鸟（你在中国看到的疑似蜂鸟都是一些悬停技术高的天蛾科昆虫或小型鸟类），菠萝就是凤梨（网上所谓菠萝和凤梨的区别，只是几个菠萝品种的区别），还有海带不是植物。

2021年，我在福建东山岛的海带养殖场，拿着两根新鲜的海带

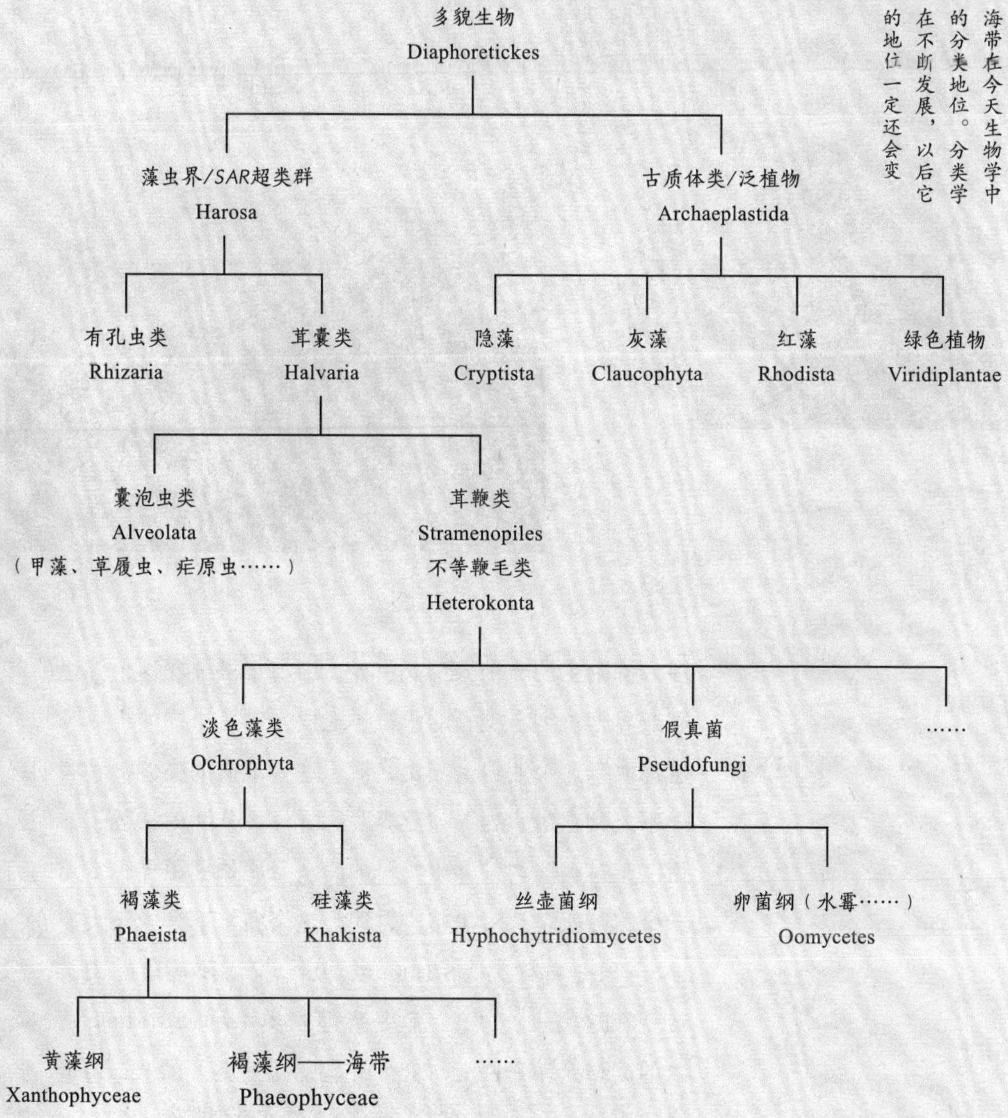

海带在今天生物学中的分类地位。分类学在不断发展，以后它的地位一定还会变

其实在我上学时学习的“五界系统”（原核生物界、原生生物界、真菌界、植物界、动物界）中，海带确实是被归为植物的，属于植物界褐藻门。但今天的分类学已经更加科学，五界系统早已过时。有一段时间，海带被划在一个叫“色素界”的界里，但是这个界被认为设得不妥，又被废弃了。如今，海带不属于植物界，也不属于动物界，而属于很

海带的固着器如同根状，只起固着作用

野生海带靠固着器抓在海底，藻体向上生长。但人工养殖的海带，其固着器抓住的是绳子，所以是倒挂在海水中，向下生长

多人都陌生的一个界：藻虫界。而海带被分在这个界里的茸鞭亚界，鱼类身上长的水霉、造成爱尔兰饥馑的土豆疫霉，也都属于这个亚界。其实，对于这些难搞的类群，学者们已经不太喜欢用“界”“亚界”这样泾渭分明的称呼了，而爱用“某某类”“某某生物”的说法。比如藻虫界，常用的另一个称呼就是“SAR超类群”。这个名字下分为三大家族：“S”就是茸鞭类（Stramenopila，又称不等鞭毛类），海带就在这类里；“A”就是囊泡虫类（Alveolata），最著名的成员是草履虫；“R”就是有孔虫类（Rhizaria），冲绳的名产——“星砂”，就是有孔虫的骨骼。所以，按照最新的分类，你可以说海带属于藻虫界——茸鞭亚界——淡色藻门——褐藻纲，也可以说海带属于SAR超类群——茸鞭类——淡色藻类——褐藻纲。

什么乱七八糟的，归为藻类不就得了！其实“藻类”这个词更用不得，它是一个分类垃圾桶，以前只要是水里像植物的东西，恨不得全叫藻类。但是现在发现很多“藻类”亲缘关系极远，那就不能归在同一个名头下了，就好比不能把两条腿走路的动物全称为人。所以“藻类”早已不是科学分类上的词语了。

说了半天，海带到底算荤的还是素的？其实看到这儿你就应该明白，生物的复杂是远超普通人想象的，分成五界、六界尚不能讲清其关系，更何况荤素二字呢？要我说，海带不是荤的，也不是素的，这才符合它的本质。

海带的原产地是俄罗斯、朝鲜、北海道这些寒冷的海域，如今中国海域里的海带，是20世纪20年代才从日本引进的，距今才100年。但在康熙年间的《海错图》里，却有一幅精美的海带手绘图，这是怎么回事？

海带，产外海大洋

㈡

其实，聂璜在第一句里就讲出了答案：“海带，产外海大洋。”《海错图》里的海带，应该是从国外进口的。

海带是冷水生物，自然分布在库页岛海域和北海道海域，被朝鲜半岛一挡，全挡在今日的中国海域之外。据中国海藻学的先驱曾呈奎考证，中国古籍里叫“海带”的东西，有些是中国原产的大叶藻属或虾海藻属，虽叫“藻”，却是能在大海里开花结果的被子植物；还有的就是从朝鲜等地进口的真正的海带了。比如《植物名实图考》里“海带”词条的绘图，基本能确认和今天的海带是一回事。

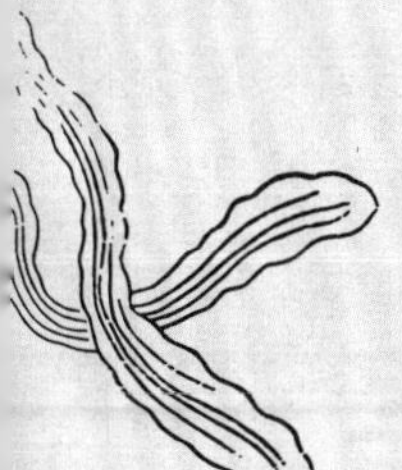

清代《植物名实图考》里的海带图，绘制的是今天所指的海带

中国古籍里对海带描绘得最细的图像，还得是《海错图》里这幅。这是一幅极具艺术性的作品，两根截然不同的海带在一起缠绵荡漾，没有画出海水，却能感受到海水的存在。画中展示的是聂璜见过的两种海带，一种是光边的，

中国古籍中一些号称产自山东等地、可用来绑缚物品的『海带』，其实是大叶藻等海生被子植物。至今，山东仍有人称这些植物为『海带草』

一种是毛边的。聂璜记载：“光边者在水时杏黄色，阔七八寸；毛边者红黑色，阔半尺，并约长一二丈不等。出水干之，皆作黄绿色，其状如旂如带。毛边者其尖两短一长，如火焰旗式，尤奇。”这光边者倒好办，应该就是今天市面上流行的那种海带（*Saccharina japonica*）。

毛边海带之谜 三

可毛边的那种就麻烦了，我翻遍了手头的海藻书籍，也没找到可以对应的。我问了一些研究海藻的学者，有的直接跟我说“一看就是翅藻科的”，但我追问有哪种翅藻的藻体边缘有两短一长循环的毛边，他们又找不出来。还有的学者认为是昆布（*Ecklonia kurome*），也就是鹅掌菜（注意，日本人和中国一些古籍把海带称为昆布，但今天中国学术界的昆布指的是鹅掌菜，并非海带）。但昆布的藻体边缘是极长的羽状舌形裂片，并非《海错图》中的短刺毛边，更没有“两短一长”的特点。而且昆布的整个藻体都不长，也就1米左右，形似宽大的鹅掌，并非《海错图》里修长如带、“约

昆布的形状、长度都和《海错图》中的毛边海带不符

长一二丈”（3～6米）。那么裙带菜呢？它的问题和昆布一样：毛边形状不符、藻体太短。

所以我认为，“毛边海带”有两种可能。一是外洋的某个边缘有卷边的海带属物种。比如日本产的一个海带的变种——鬼海带（亦称罗臼昆布，学名*Saccharina japonica* var. *diabolica*），藻体边缘往往就有极强烈的卷边，干制压平后就类似于《海错图》中毛边的状态。但这类海带的卷边很不规律，所谓“两短一长”可能只是聂璜观察的特例个体，或藻体的一段局部。二是人工切割过的海带。既然今天的海带也有海带结、海带丝等加工形态，那古代应该也有。会不会有一种加工法就是把宽大的海带切割成细长条，而切割工具会把海带的边缘切成两短一长的循环的毛边呢？不是没有可能，今天的海带丝边缘不也是规则的锯齿状嘛。

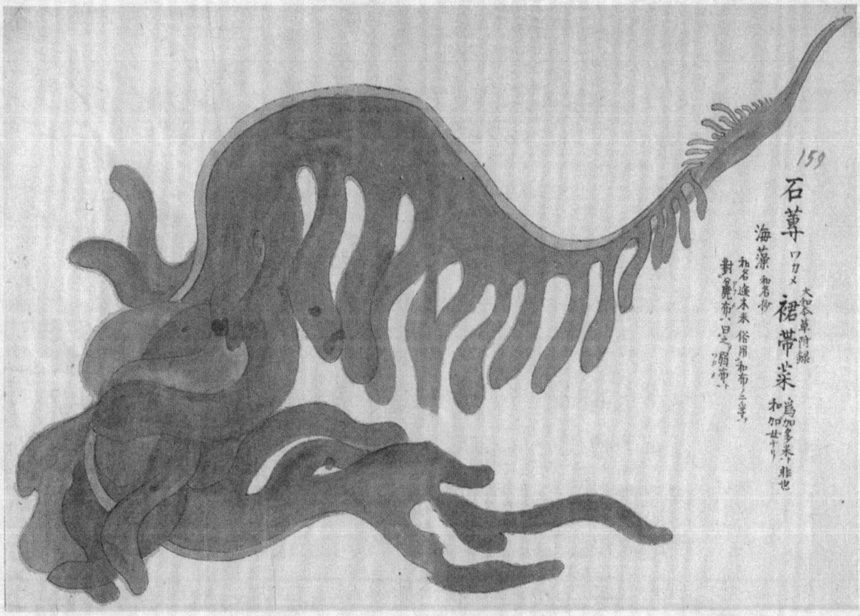

日本江户时代《梅园草木实谱》中的裙带菜。裙带菜边缘的裂片大而长，且整个藻体不大，不符合毛边海带的特征

日本人把海带属的多个物种和变种都称为昆布，再根据形态、产地冠以不同的前缀，这些海带从左到右的日本名称分别为利尻昆布、罗臼昆布、真昆布、日高昆布

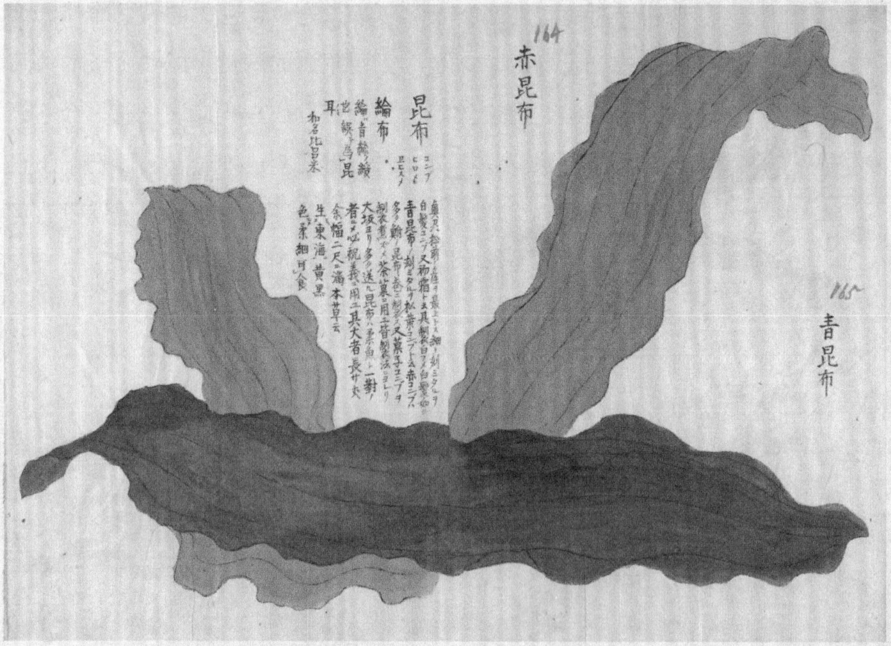

《梅园草木实谱》中的「赤昆布」和「青昆布」，皆为海带属物种

昆布是哪种布？

四

前文提到，昆布在中国大陆的学界指的是鹅掌菜，但在日本指的是海带。造成这种混乱的原因，就是中国古籍里对昆布的指代一直不明。“昆布”这个词似乎指代一种布料，按理说，只要知道这种布料长啥样，就很容易考证出昆布指代的海藻。但是这个问题难倒了历代本草家，因为并没有一种布料叫昆布。本草家们纷纷去早期文献中寻找答案。李时珍找到三国时期的《吴普本草》，里面有一种草药叫“纶

布”，词条内容为“一名昆布。酸，咸，寒，无毒。消瘰疬”。这算是昆布一词最早的记载了。虽然没明说此物是海藻，但同时期的其他文献说得比较清楚。晋代《吴都赋》有一句是讲海藻的：“江离之属，海苔之类。纶组紫绛，食葛香茅。”“纶组”说的是两类海藻。《尔雅》对这两类海藻有个废话文学一般的解释：“纶：似纶。组：似组。东海有之。”晋代的郭璞解释：“纶、组，绶也。海中草生，彩理有像之者，因以名云。”换成现代话，就是纶本指青丝绶带，组本指宽绶带，人们把长得像组的海藻称为组，长得像纶的海藻称为纶或纶布。纶在此处读“关”，与“昆”古音相近，所以在三国时期，纶布就常被写成昆布，渐渐地，昆布的写法成为主流。

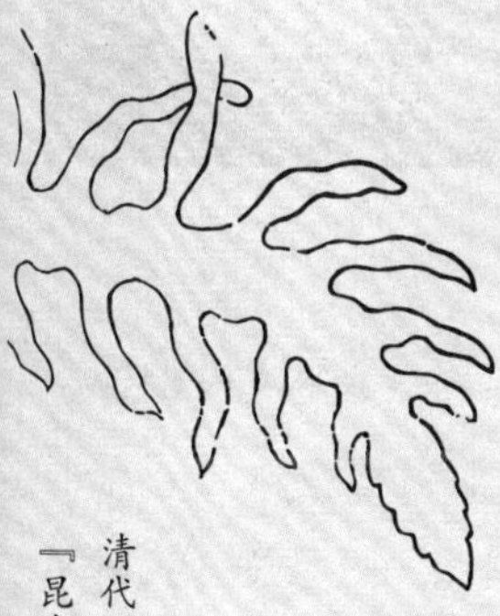

清代《植物名实图考》中的『昆布』，似为裙带菜

然而汉晋时期的纶、组两种绶带长什么样，已经很难考证，它们所指代的海藻就更难考证了。南朝梁的陶弘景认为，纶是紫菜、组是昆布，思路已经不对了，因为按原意，昆布必然属于纶，不可能是组。与其纠结不可考的汉晋线索，不如看看明清时的说法。曾呈奎看过《本草纲目》中的“昆布”绘图后，认为画的是鹅掌菜。现在中国大陆学界的昆布也因此尘埃落定，正式指代鹅掌菜。本来事情到此应该很清楚了，但我们还有个邻邦日本。他们特立独行，一直把多种海带属物种称为昆布。好巧不巧，日本又是海带的原产国，有全世界最强势的海带文化和海带养殖传统，他们的海带制品、海带宣传材料上到处印着巨大的“昆布”汉字，给很多中国人留下了“海带=昆布”的印象。这就和中国学术界的说法不符了。要把这个概念纠正过来，我看是不太可能了。不过也不用非纠正，学者闹清楚就行，民间爱咋叫咋叫吧。毕竟这些称呼，从古到今都是糊涂账。

《本草纲目》中的『昆布』，曾呈奎认为形似鹅掌菜

扁浒苔形似很薄的韭菜叶，附着在礁石上，还能吃，很符合『海裩布』的特征

山东胶东半岛的民居『海草房』，用海中的被子植物大叶藻铺成房顶。这些海中的被子植物十分坚韧，不适合食用

海裤衩儿

五

《海错图》里有一幅图，就是这笔糊涂账的又一例证。图中几根带状物搭在礁石上，旁边写的名称竟然是“海裩布”！把昆布写成裩布，我只在《海错图》里见过。我很怀疑“裩”字是聂璜的自加工，大概他觉得“昆布”含义不明，就把昆字加了个衣字旁，这样就和布合范儿了。但这可不是什么好主意，要知道，裩是裈的异体字，裈是内裤的意思，裩布，那就是裤衩儿布、兜裆布。这可不兴当食物的名儿啊！可聂璜真这样做了，还说海裩布“采而晒干，以醋拌食，可口”。行吧。

那么这种“海裤衩儿”是啥呢？首先它这颜色我就不太理解，明明文字写的是“绿色离披（注：杂乱交错）”，画出来却是五颜六色的。再怎么杂乱交错，也得在绿色的范畴内吧？姑且不管颜色了，看形状。每一根都是宽度均一的韭菜状，而且“长数尺，阔仅如指”，倒是很像大叶藻、海菖蒲这类海生的被子植物。然而这些植物生长在浅海沙底，海裩布却“生海岩石上”。而且海生被子植物叶片坚韧，海边人一般采来做绳子、铺房顶、烧火、做填充物，不太可能

“采而晒干，以醋拌食”。聂璜还说“其薄如纸”“功与青苔、紫菜同”，如果特别薄、长在礁石上，韭菜叶状，还能吃，那就有可能是条浒苔（*Ulva clathrata*）、扁浒苔（*Ulva compressa*）这些绿藻门石莼属的物种。

文坛拔帜之术

六

聂璜认为，晋人孙绰的《望海赋》中有一句“华组依波而锦披，翠纶扇风而绣举”，其中的“华组”“翠纶”说的就是海裙布、海带等海藻。古人有不少以大海为主题作赋的，辞藻华丽，气势恢宏，但这些海赋大多是在堆砌海生物的名称，比如《吴都赋》的“江蓠之属，海苔之类。纶组紫绛，食葛香茅”。就算有描写，也非常泛泛，什么“依波而锦披”“扇风而绣举”，放在大部分海藻上都好使。聂璜认为，这是因为作者们都身居内陆，“未能亲见奇物也”。如何在海赋界独树一帜呢？聂璜有一计：“使得睹海带，文坛尤当拔帜。”意思是，像海带这种外形奇特的生物，文豪们要是亲眼见过，再去描写它，一定更加言之有物，更文采出众，更打动人。

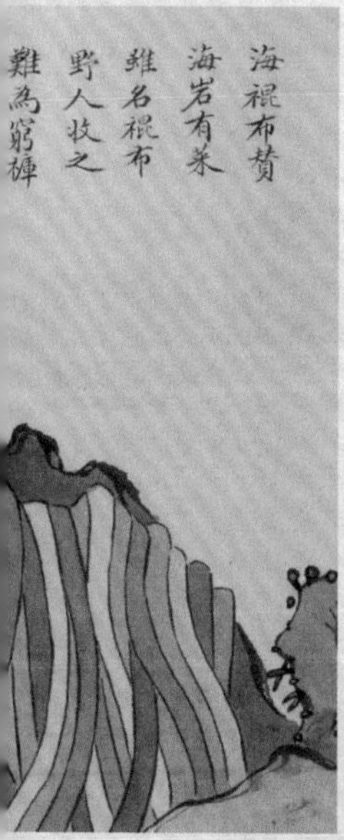

《海错图》中的『海裙布』

这一点，聂璜身体力行了。他在《海错图》的序里，用赋的文体写了大段的文字，把自己描绘过的生物全部涵盖了进去。作为亲眼见过海带的人，他会如何用赋描写海带呢？我一行行地找，终于找到了：

“虎鲨变虎，鹿鱼化鹿；鼠鲇诱鼠，牛鱼疗牛……海树槎枒，坚逾山木；海蔬紫碧，味胜山珍……”

“海蔬紫碧，味胜山珍”，这是唯一和海带沾边的一句。意思是，海带呀、紫菜呀这些海藻，比山珍还好吃。

第五章 金石部

人不祿則珊瑚漸白暗而枯燥矣故番人珍之𥁕華以後京師民間多得斷折珊瑚長尺或七八寸五六寸者冬月攢豎元爐以誇獸炭迴布寶石以像活火下填珠玉以狀兜灰儼然毀玉作薪以真珊瑚而彷彿於炊爨之餘數年之後天下大定官民護惜環寶商賈爭售珍異　國制朝服披領之上必掛念珠珀香而外以珊瑚為貴凡民間蓄得珊瑚皆琢而成珠所尚既繁而珊瑚不可多得乃有造珊瑚者出其設想取材匪夷所思非土非石非角非牙亦非燒料蓋所取者廢棄碗磁造者遍揀糞壤泥滓之間擇其底足厚者以水淨之剖令玉工華而圓琢而細磨鑢滑澤然後孔之煑以茜草煨以血竭其淺絳之色正與珊瑚等穿為念珠亦堅亦重亦滑膩而華美飾以金玉綴以絲錦貨於大市雖良賈不能辨假珊瑚冒真珊瑚之名而竟得與珠玉爭光噫鷟石在笥則卞氏長號誠偽顛倒豈獨一珊瑚之真假為然哉

珊瑚樹贊

玳瑁硨磲亦產海島
何若珊瑚人間至寶

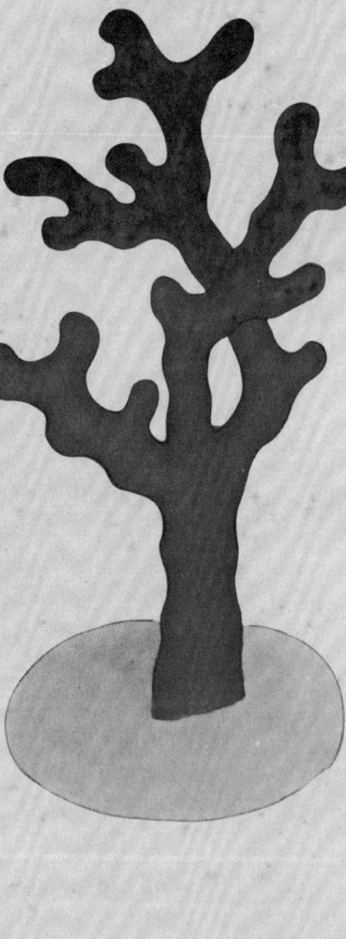

【珊瑚树、石珊瑚、海芝石、羊肚石、荔枝盘石、松花石、鹅管石】

人间至宝，海底繁生

红珊瑚自古是人间至宝，在《海错图》里，聂璜除了红珊瑚，还描绘了一系列中国的珊瑚图鉴。有趣的是，其中大部分种类，聂璜都不认为它们是珊瑚。

海中經云取珊瑚先作鉄網沉水底珊瑚從水底貫中而生歲高二三尺有枝無葉因絞網出之皆摧折在網故難得完好者漢積翠池中有珊瑚高一丈二尺一本三柯云是南越王尉佗所獻夜有光景晉石崇家有珊瑚高六七尺今並不聞有此高大者彙苑云珊瑚生大海有玉處其色紅潤可為珠間有孔者出波斯國獅子國以鉄網沉水底經年乃取本草云生南海今廣州亦有又云珊瑚初生盤石上白如菌一歲黃三歲赤以鉄網取失時不取則腐入藥去目中瞖異物志云出波斯國為人間至貴之寶諸書之所論如此又考四譯考安南產赤黑二種在海直而軟見日曲而堅爪哇滿剌加天方國皆產珊瑚而三佛齊海中深處云珊瑚初生白漸長變黃以繩縶鉄貓取之初得軟膩見風則乾硬變紅色者貴此皆西南海中所產至考西番貢獻諸國不近海亦貢珊瑚豈陸地亦生耶博雅君子當為考辨珊瑚之根亦生

聂璜反清吗？

一

聂璜有反清思想吗？

一些细节暗示他有这个可能。聂璜出生在明朝崇祯年间，成年阶段是在康熙年间，亲身经历了改朝换代。聂璜经常引用的《广东新语》的作者屈大均，是著名的抗清人士。聂璜的岳父丁文策是标准的明朝遗民，古籍对他的记载是：“明亡，不仕。”他本是当地名士，明亡后哪怕巡抚请他做官，他都不为所动。聂璜也没有任何做官记录，从《海错图》的字里行间能发现，他身边的朋友多为商人，他自己辗转各地，似乎也是一名商人。聂璜所处的康熙时期，曾长年实行海禁，沿海居民无法出海，民不聊生。而聂璜住在海乡，热爱海洋生物，又很可能经商，海禁必然严重影响他的生活。这一切，都会让聂璜对清朝没有好感。

然而，在《海错图》中，你拿着放大镜也找不到一句他对清朝确切的不满。当然，康熙朝盛行“文字狱”，他就算不满也不敢写啊！但我觉得，聂璜没准儿真谈不上反清。屈大均把自己家命名为“死庵”，意为宁死不臣服清廷。丁文策号“固庵”，意为固守在家中，程度已经轻了些。聂璜号“存庵”，态度就更缓和了。能存于世上，他已经满足。《海错图》中多处文字都透露出聂璜只求安定，不纠结谁来掌权的态度。比如他为《海错图》写的两篇《观海赞》：

海不扬波，
鱼虾可数。
际会明良，
风云龙虎。

水天一色，
万国同春。
鱼鳖咸若，
四海荡平。

这两篇赞是聂璜对《海错图》的总定调，能看出他向往的是天下太平，君王贤明，人民安居乐业，有才华的人（明良、龙虎）能得到好机会（风云际会）。《海错图》写作后期，康熙平定了各地叛乱，也开放了海禁。聂璜大概感受到了久违的和平与自由，才有如此感慨。

在写到“珊瑚树”这一物种时，聂璜极为罕见地聊起一段明清交替时的往事，里面能看出他隐藏的态度吗？

鼎革以后，毁玉作薪

二

聂璜所绘的“珊瑚树”，明显是红珊瑚。自古以来，人们就把它当作珍贵的生物宝石。聂璜记载：“鼎革以后，京师民间多得断折珊瑚，长尺或七八寸、五六寸者。冬月，攒竖元炉，以夸兽炭，周布宝石，以像活火，下填珠玉，以状死灰，俨然毁玉作薪，以真珊瑚而仿佛于炊爨（音cuàn）之余。”这里可以看出聂璜的谨慎，他没有用“明亡”之类的字眼，而是用“鼎革”。九鼎是国之重器，鼎革就是九鼎换了主人，也就指明清易代。当时北京刚经过战火洗礼，很多红珊瑚断枝流入民间，很明显，它们来自战乱中从皇宫、富户家中流失的整棵珊瑚。到了冬天，有人把断枝珊瑚插在香炉里，浮夸地模拟烧红的木炭；在珊瑚周围摆上宝石，用它们的光泽模拟闪亮的火焰；下面填上珍珠和玉，模拟灰烬。聂璜只描述了这个现象，没有写明这种摆设的目的是什么。

我的朋友，《博物》杂志的策划总监林语尘提出了她的猜想：北京有欣赏清供的传统，即在桌上放一些应和时令的摆件。这种现象应该属于一种思路独特的清供。单枝断珊瑚不够好看，多枝同插能掩盖寒酸感。这样的火炉摆件，一是应冬天的景，二是很可能暗含“锦灰堆”“玉石俱焚”的含义，寓意辉煌的大明已经空余灰烬。遗民以这样隐晦的方式表达亡国之痛。

然而我的另一位朋友，故宫博物院的宁雪却认为：这未

青玉活环耳盆红珊瑚盆景，清宫旧藏。青玉为盆，中央是一根大的珊瑚断枝，周围插着一圈小珊瑚断枝。以碎青金石作为盆面填充

必和遗民情怀有关，只是在用“土豪”的方式模拟当时过年的一种祭祀——“圆炉炭”，即在圆炉里摆上烧红的木炭，放在神位前。我以这种视角把文字又看了一遍，似乎也挺有道理。聂璜对这种摆件的评价是“俨然毁玉作薪，以真珊瑚而仿佛于炊爨之余”，偏负面态度。因动荡意外得到横财的下层民众，却没有欣赏这些宝物的品位，挺好的珊瑚，愣给摆成了柴火。聂璜似乎很反感这种摆设，将其视为亡国后审美崩坏的案例。

聂璜到底想表达哪个意思？他没有说，继续写道：“数年之后，天下大定。官民护惜环宝，商贾争售珍异。国制朝服披领之上，必挂念珠，珀香而外，以珊瑚为贵。凡民间蓄得珊瑚，皆琢而成珠。”政权稳定后，官民开始护惜宝物

（暗示之前“珊瑚炉”是不珍惜宝物？），清代官员要佩戴朝珠，民间的断珊瑚这下有了用途，纷纷被人琢成珠子。但珊瑚量有限，有人就琢磨造假了。他们造假的思路，被聂璜评价为“匪彝所思”，用料竟然是粪壤泥淖之间的破瓷碗。造假者把厚碗底磨成圆珠，穿孔，再用茜草、血竭（棕榈科麒麟竭果实渗出的红色树脂）将其染成珊瑚红色，串成珠串长街售卖，有经验的商人也不能辨别。

聂璜感叹：“假珊瑚冒真珊瑚之名，而竟得与珠玉争光……诚伪颠倒，岂独一珊瑚之真假为然哉！”显然，他觉得像这样真假颠倒、是非不分的事情，社会上多得很。所谓真珊瑚，是指聂璜这样学富五车但身无功名的人吗？所谓假珊瑚，是指那些见风使舵、效忠清廷的人吗？抑或是聂璜的一句普通牢骚？不知道，聂璜只描述现象，不表达立场，也不给我们机会确认他的内心。

其实吧，还有一种可能。故宫珍宝馆至今还收藏着一些清代的珊瑚盆景，其中一件，是把一整棵红珊瑚插进铜镀金嵌珐琅花盆里的，盆土是透明的碎宝石。还有一件，是用数枝断珊瑚插在青玉制成的耳盆中，盆土是青金石碎。这第二件和聂璜描述的几乎一样了。既然是清朝皇上家的摆设，自然不会有什么怀念明朝的含义，也没有下层民众审美低下的问题。所以，可能这就是当时皇家富户的一种摆设风格，流落到民间被聂璜看到了，他觉得难看，如此而已。若真是这样的话，那我们前边都是过度解读了。这东西抛开任何含义单看，确实有点丑。我向著名文物摄影师黄翼（网名“动脉影”）求图，希望他发给我故宫那两盆珊瑚盆景的照片。他说：“有，我翻一下，发你。我觉得这个贼丑。”过一会儿，他只发给我那盆珊瑚断枝盆景的照片，“整棵珊瑚的那一盆没有照，当时觉得太丑了。”

珊瑚有根，竞传为奇

三

人们得到的红珊瑚，都是出水很久、硬如石头的。那么珊瑚到底是生物还是石头？它在海底是如何生长的？当时的古人并不清楚。

采集珊瑚的方式，使得人们难以看到它的全貌。《海中经》云："取珊瑚，先作铁网沉水底，珊瑚从水底贯中而生，岁高二三尺，有枝无叶。因绞网出之，皆摧折在网，故难得完好者。"和我们在浅海浮潜看到的珊瑚不一样，红珊瑚长在较深的水里，靠古代的渔网、潜水很难获得，所以多用绳系铁锚钩取，或者把铁网沉到海底数年，等海底的红珊瑚穿过网眼长大，再起网。出水后，红珊瑚大多断折，使人搞不清它的基部到底长在哪里。但聂璜知道，珊瑚的根部是附着在海底巨石上的。一是他看到《本草纲目》里说："珊瑚初生盘石上，白如菌，一岁黄，三岁赤，以铁网取。"二是他得知康熙初年，广东一守令得到一棵根长在石头上的完整红珊瑚，引发轰动，"珊瑚有根，竞传为奇"。三是聂璜本人得到了一棵完整的"石珊瑚"，根部完好地连在一块石头上。

带有生长基岩的红珊瑚极难获得

石珊瑚賛
珊瑚石質
有孔不丹
稽之典籍
疑是琅玕

《海错图》里的『石珊瑚』，属于鹿角珊瑚属

这“石珊瑚”虽不是红珊瑚，但聂璜一眼得知它必是红珊瑚的亲戚，于是画下了这棵“石珊瑚”的样子，并描述道：“产海洋深水岩麓海底。其状如短拙枯干，而有斑纹如松花。”按今天的科学分类，这些特征明显属于鹿角珊瑚属。然而聂璜又说石珊瑚“其色在水则红色，出水则渐变矣……其质在深水则软而可曲，出水见风则坚矣”，这显然是柳珊瑚、角珊瑚的特点，聂璜搞混了，全当成鹿角珊瑚的特征了。他还说有的石珊瑚上有五种颜色，“青、黄、红、赤、白，各枝分派如点染之者，福州省城每以盆水养此珍藏”，这可以肯定是当时的商贩人工染色的，是一种古早土味审美。

有了这棵难得的标本，聂璜开始观察它的根部，想知道珊瑚如何从石头上长出来。他看到“根与石相连处有坚白如蛎灰者、曲折如虫状者数数”，认为是它们孕育出了珊瑚。但牡蛎、小虫多得是，为什么偏偏这些能长出珊瑚呢？

聂璜想到了陆地上的一种现象："吾尝见塔顶顽岩本无寸土，又无人植，常有大树生于其上……雁宕、天台多有巍然石峰之上，盘结古干虬枝。"他说，这些塔顶、顽石上的大树，是鸟屎中的种子长出来的，而且比人特意栽在沃土里的树长得还好。为什么？一定是树种经过一趟鸟的消化道后，得了"羽虫生气"，生命力才比一般的种子旺盛。以理推之，海洋生物吃了牡蛎、小虫后，把蛎灰、虫壳排泄在海底岩石上。这些排泄物应该也会"得鱼虫腹中生气"，从而长出了珊瑚。

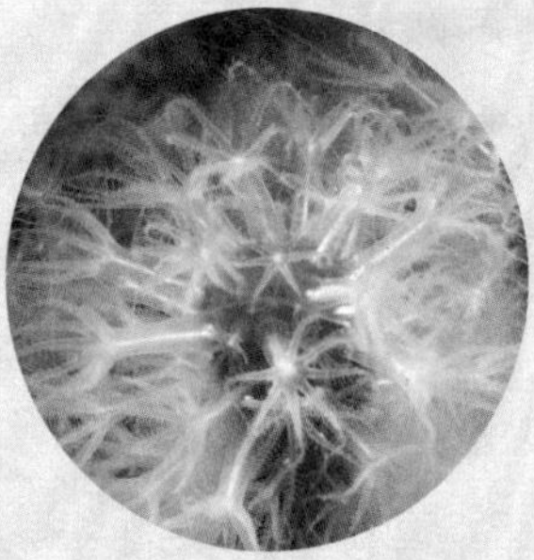
这种活体红珊瑚的每个珊瑚虫水螅体为白色

但聂璜预判到有"杠精"会反驳他，于是把"杠精"的话提前说了，让"杠精"无话可说："可能会有人站出来说，你这理论未必对，也未必不对。庄子曰'天地有大美而不言，四时有明法而不议，万物有成理而不说'，万物之理深奥得很，你凭什么这么确定呢！"然后，聂璜用"摆烂"的态度"杠"了回去："你要这么说，那世间的道理谁也别探索了，万物谁也别研究了，古今记载类书全烧了吧！"

海底的活体红珊瑚群，可见其附着的礁石上有多种生物共同生长

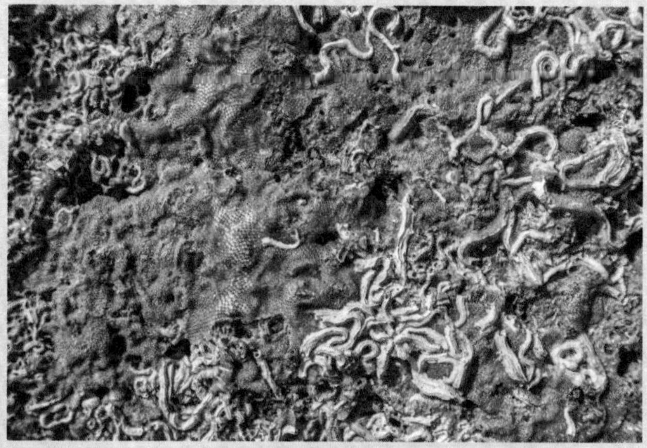

礁石上的苔藓虫骨骼（左）大概就是聂璜所说的『蛎灰』，而管虫的钙质栖管（右）就是聂璜所说的『曲折如虫状者』

其实，这么回答更显出了聂璜的心虚。因为他确实没有证据，只是把一种陆地现象硬套在海里。顽石长出大树，海石长出珊瑚，看似很像，道理却不同。首先，塔上树比人种的树还壮，就是一个伪命题。因为塔上也有弱树，人种的也有壮树，但都被聂璜选择性忽视了。既然命题不存在，“鸟屎种子得羽虫生气”这一理论也就不成立了，更不能往珊瑚上套。其次，珊瑚根部有“蛎灰”和虫状物，不等于珊瑚就源自它们。就好比树坑里有烟头，不代表大树是烟头孕育出来的。实际上，所谓“蛎灰”是钙藻、苔藓虫之类的东西，它们和珊瑚大量混生，看上去就和牡蛎壳烧成石灰涂在石头上的样子似的。而“曲折如虫状”的，是缨鳃虫目的多毛类动物，俗称“管虫”，它们身体如蚯蚓，会不停分泌石灰质，形成曲折的虫状管道，自己住在里面。珊瑚礁是它们的乐土。所以，这些东西只是和珊瑚一起附着在石头上的其他生物，和珊瑚没啥关系。要想知道珊瑚的由来，最靠谱的方法是观察它的生活史。

珊瑚属于刺胞动物门，和海葵、水母是亲戚。有两种生殖方式，无性生殖和有性生殖。无性生殖就是一个珊瑚虫裂

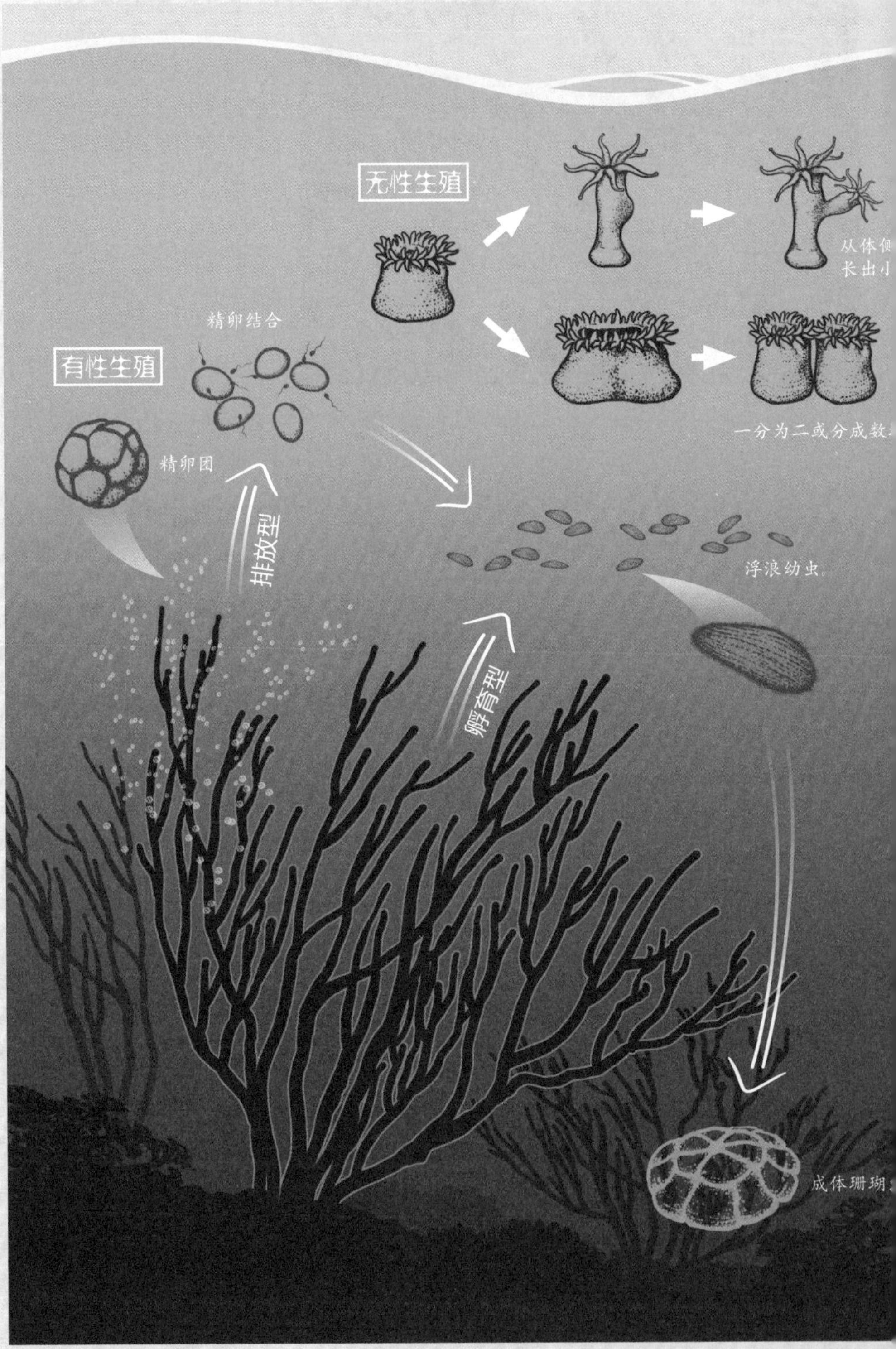

珊瑚的生殖方式

成两个珊瑚虫，长出更多“树枝”，如果枝条断了落在海底，还可以长成一棵独立的珊瑚。有性生殖就是珊瑚虫排放出一颗颗小珠子：精卵团，精卵团破裂释放出精子和卵子，和其他精子、卵子结合形成受精卵（同一个精卵团内的精子和卵子不会结合），再孵出瓜子形的浮浪幼虫，在水中浮游生活，然后沉到海底，固定在适合的地方，身体变成盘子状，再逐渐长成一棵珊瑚。

但是，以聂璜的条件，不可能观察到这一系列现象。我们不能对古人太苛求。他在他的能力范围内，已经做到最好了。

四 有生处，有不生处

聂璜还听说，澎湖将军岙（注：今澎湖列岛将军澳屿）多产石珊瑚，在此停船的渔民，常能潜水抱起高达数尺的珊瑚。聂璜问渔民，为何此处盛产珊瑚？渔民说：“其石虽在海底，却向淡水而生。”聂璜追问，海中怎会有淡水？渔民说海底隐藏着一些淡水泉眼，珊瑚就聚集在泉眼附近，所以珊瑚“有生处，有不生处，海中不遍有也”。

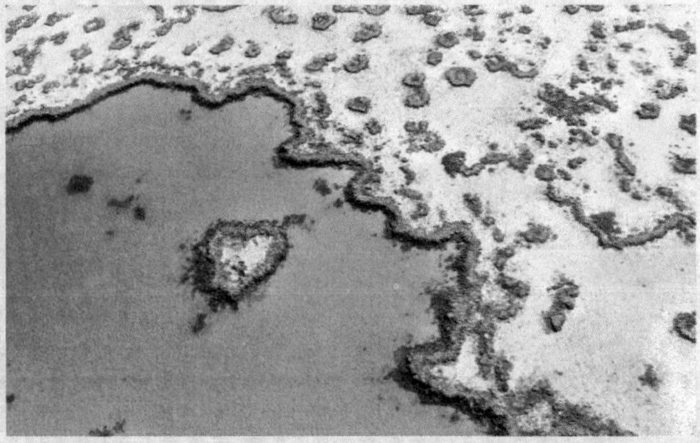

珊瑚的生长地点和很多因素有关，唯独和淡水泉眼无关

聂璜写道：这些人只知道珊瑚得淡水而生，却不知根本原因是泉水带出了地气，珊瑚得了地气而活，珊瑚的花纹孔窍，都是气在它们体内流通造成的。

其实珊瑚的生长地点和淡水、地气毫无关系，许多珊瑚都和虫黄藻共生，靠虫黄藻光合作用产生的营养生活，几乎不用自己捕食。但要进行光合作用就得晒太阳，所以珊瑚礁多在浅海。珊瑚需要稳固的基底来附着，所以集中在有礁石的地方。珊瑚适宜的水温在18～30℃，过热或过冷都不行。珊瑚偏爱贫营养的水质，所以清澈的海域珊瑚多，混浊的海域珊瑚少。海流也会影响珊瑚分布，一湾死水，珊瑚长不好；海流太强又会把珊瑚折断。以上这些条件全都合适的地点并不多。这才是珊瑚“有生处，有不生处”的真正原因。

海中『文石』

五

聂璜说，在澎湖海底，“鹅管、羊肚、松纹、石珊瑚互为根蒂，而所发各异”，一幅多么美丽的珊瑚礁图景！但羊肚、鹅管、松纹都是什么？他在《海错图》里把它们画下来了。聂璜认为这些东西和石珊瑚（鹿角珊瑚）产地相同，质感类似，产生原理也一样，但他并不将它们归为珊瑚。因为在他心中，珊瑚只能是红珊瑚、石珊瑚那样枝枝杈杈的，

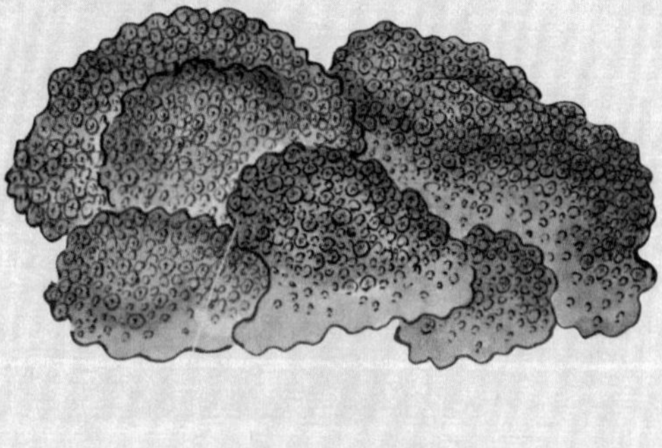

《海错图》中的『鹅管石』，其孔细密如鹅管，描绘不详，可能是海水打磨过的珊瑚残块，也可能是管虫聚集处的栖管纠结而成

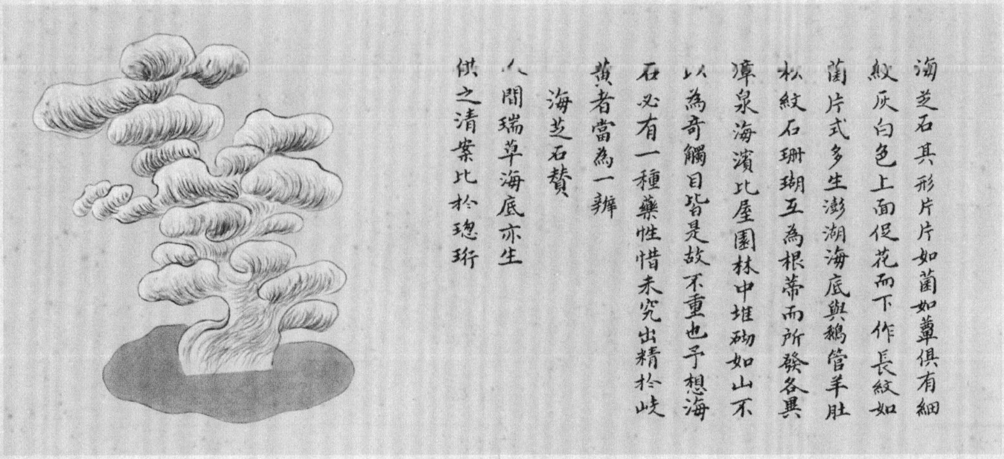
海芝石其形片片如菌如蕈俱有細
紋灰白色上面促花而下作長紋如
菌片式多生澎湖海底與鵝管羊肚
松紋石珊瑚互為根蒂而所發各異
漳泉海濱比屋園林中堆砌如山不
以為奇觸目皆是故不重也予想海
石必有一種藥性惜未究出精於岐
黄者當為一辨
海芝石贊
人間瑞草海底亦生
供之清案比於璁珩

《海错图》中的『海芝石』，即蔷薇珊瑚属的瘿叶蔷薇珊瑚、叶状蔷薇珊瑚等种类。它们形态极似灵芝。清代福建园林用它堆叠假山，那场景一定颇为奇特

蔷薇珊瑚形成的壮丽景观

而羊肚石、海芝石等过于怪异了，只被聂璜称为海中的“文石”，即有纹路的石头。其实以今天的眼光看来，这些石头也都属于珊瑚家族。

2021年，我探访了三亚的中国科学院南海海洋研究所珊瑚实验室和厦门的国家海洋局第三海洋研究所珊瑚保育馆。这两个地方饲养着中国几乎所有种类的造礁珊瑚。我在这里见到了研究珊瑚的徐一唐、金政辰、李琰等人，赶紧抓住机会，把《海错图》里这几种石头的图给他们看，他们根据自己的经验给出了鉴定。

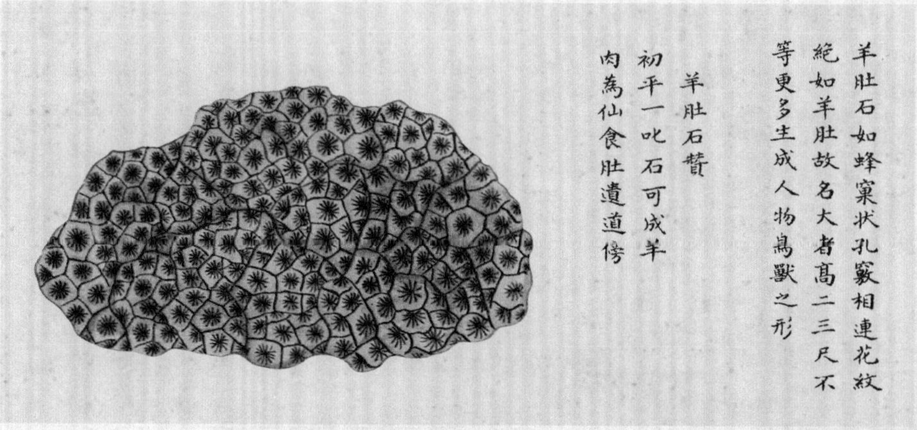

《海错图》中的『羊肚石』，即角蜂巢珊瑚属的骨骼

中国科学院南海海洋研究所珊瑚实验室饲养的活体角蜂巢珊瑚

“海芝石，其形片片，如菌如蕈，俱有细纹，灰白色，上面促花而下作长纹，如菌片式。”这是蔷薇珊瑚属，它们在南海常形成巨大的灵芝状群落，层层叠叠。李琰有个顾虑：聂璜说海芝石“漳泉海滨比屋、园林中堆砌如山，不以为奇，触目皆是”，但蔷薇珊瑚没有那么高大。但我认为这不是问题，既然“堆砌如山”，那就是多棵堆叠起来的，自然想叠多高叠多高了。漳州、泉州的清代园林竟然用蔷薇珊瑚来堆叠假山，一定是非常特别的景致。

“羊肚石，如蜂窠状，孔窍相连，花纹绝如羊肚，故名。大者高二三尺不等，更多生成人物、鸟兽之形。”徐一唐说，这应该是蜂巢珊瑚科的，鉴于每个小区块是带棱角的，很可能是角蜂巢珊瑚属的。这类珊瑚不长枝杈，只会随着礁石形状越长越厚，一般是长成面包形，如果礁石够怪，就会长成蹲伏的鸟兽之形。今天的珊瑚保育者们不会繁育放归这类珊瑚，因为它们长得再大也是实心的疙瘩，没有枝杈，无法给小鱼小虾提供躲避的空间。繁育放归的大多是鹿角珊瑚，大丛的枝杈能吸引各种海洋生物藏身其中，迅速构

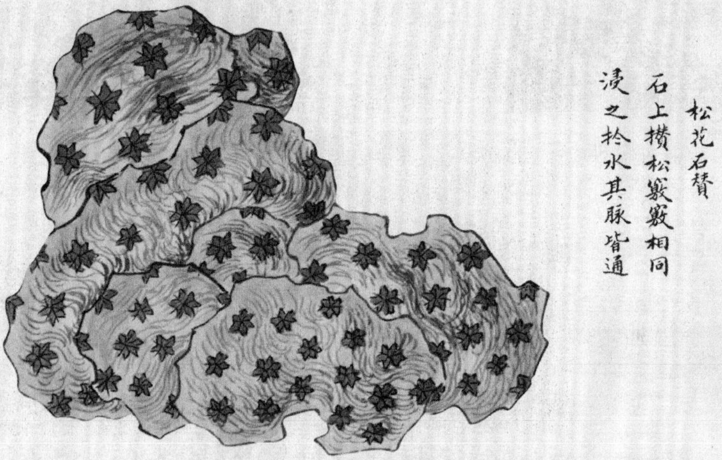

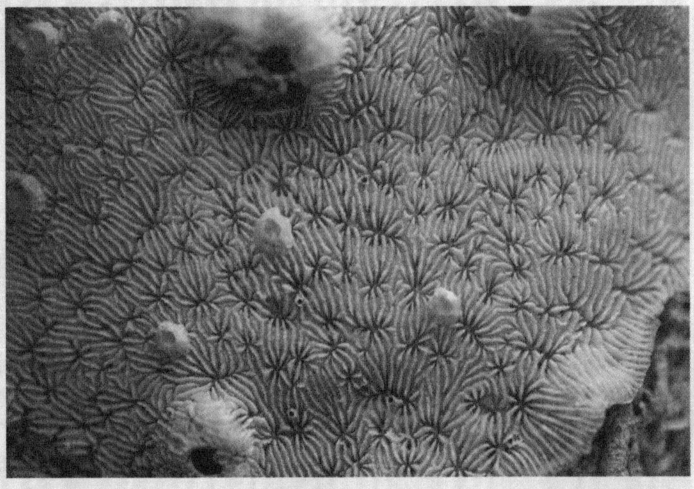

《海错图》中的『松花石』花纹和牡丹珊瑚属吻合

十字牡丹珊瑚天然构成方格空间，可供种花

北京植物园的盆景园，一盆用陀螺珊瑚制作的榕树附石盆景。只要珊瑚骨骼够致密，都可以当作吸水石

建热热闹闹的珊瑚礁生态系统。

“松花石……石作细纹，周体有窍如松纹。”李琰看了这幅图，从库房拿出一块牡丹珊瑚的骨骼。嘿！上面的花纹简直完美符合。每一朵“松纹”其实是一只珊瑚虫的居所。最妙的是，聂璜说松花石“养之于水，与羊肚石并能从孔中收水直上，故其石植小树常不枯也”，而有些牡丹珊瑚（如十字牡丹珊瑚）的骨骼能形成很多方格状空间，正如天然的花盆，可以栽花进去。

还有一种叫荔枝盘石的：“广东海中有一种石，若盘，质如荔枝之壳，绉而或红或紫，名曰荔枝盘，以之养鱼甚佳。”像荔枝壳，那就必须有一个个疣突。李琰又拿出一块珊瑚骨骼，是陀螺珊瑚属的，确实有一个个凸起，而且这个属里的漏斗陀螺珊瑚、盾形陀螺珊瑚、复叶陀螺珊瑚、皱折

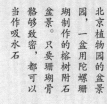

陀螺珊瑚都能形成盘状，大小也足够养鱼。唯一不符的是，陀螺珊瑚死后骨骼是白色的，不是红色的。不过既然前文提过，当时的人能把珊瑚染成五色，那这种红色的荔枝盘石没准儿也是染色的。还有一种笙珊瑚，死后倒是红色，质感也像荔枝壳，但并不是盘状，而是块状。要用它养鱼，得人工雕成盘状。

《海错图》给我们留下了中国历史上绝无仅有的清代台湾海峡珊瑚图谱。凭借这几幅图，可以一窥当时中国完好的珊瑚礁生态系统。近几十年间，中国的珊瑚礁急剧衰退。好在中国科学院南海海洋研究所、第三海洋研究所已经繁育了很多珊瑚，并把它们种回曾经密布珊瑚的海底。2021年，我亲自来到复育海域，发现这里几年间就已欣欣向荣，重现了五颜六色的珊瑚花园。这比我想象中要快得多。人类的智慧如果用对地方，就能加快大自然愈伤的速度。用不对地方，大自然就会旧伤未愈，又添新伤。

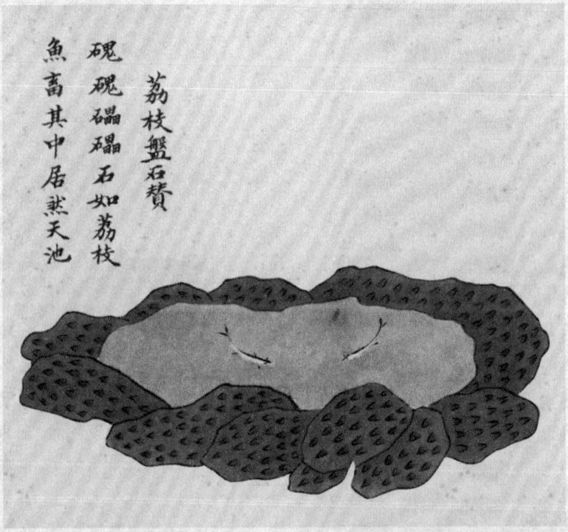

《海错图》中的『荔枝盘石』

笙珊瑚死后骨骼是红色的，但不呈盘状

凡治患者必投乳以出毒否則毒蘊結於石石必碎裂而無用然一石不過用十餘次久之吸毒之力減或破碎不可用故藏此者不輕以假人售此石者觧急需者難購不易得余寓福寧承天主堂教師萬多默惠以二枚黑而柔嫩以其一贈馬遊戎其一未試不知其真與偽也考諸類書以及本草海槎録異物記並無石有以吸毒名者止於彙苑見有娑婆石云生南海觧一切毒其石綠色無斑點有金星磨之成乳汁者為上番人尤珍貴之以金裝飾作指彄帶之每飲食罷含吮數四以防毒其石欲試真假滴雞冠熱血於碗中以石投之化其血為水者乃真也亦謂之婆娑石今日吸毒石即此

本名婆娑
真者難得
偽者甚多

【吸毒石】

西洋怪药，扑朔迷离

这是《海错图》中极罕见的非生物图像，能被聂璜入谱，必有奇特之处。

吸毒石云產南海大如棋子而黑緑色凡有患癰疽對口釘瘡發背諸毒初起以其石貼於患處則熱痛昏眩者逾一二時後不覺清涼輕快乃揭而拔之人乳中有

治病的石头 一

《海错图》中记载了371种海物，只有两种不是生物。其一为海盐，这个可以理解，它算广义的海错。其二为“吸毒石”，是两颗围棋子大小的黑石头。能与海盐并列，它何德何能？

有两个原因。

1. 聂璜听闻它产自南海，故列为海错。

2. 此物异常神奇。聂璜说，凡是长了毒疮、皮肤溃疡流脓的患者，若把吸毒石贴在患处，两个时辰后就会感到清凉轻快。把吸毒石揭下来投入人乳汁中，石中会迸出黑沫，浮于乳汁表面，这就是它吸出来的毒。然后再把石头捞出来贴在患处，如是反复，直到石头贴不住了，就说明毒被吸干净了。吸过毒的石头一定要投入乳汁中放毒，否则石头会很快碎裂无法使用。然而就算操作规范，一块吸毒石也不过用上十余次，之后吸毒力就减低，直至碎裂。所以，有吸毒石的人，从不轻易借人，市面上也难以买到。

聂璜画的这两块吸毒石，是他住在福宁州时，当地天主教堂神父万多默送给他的。外观“黑而柔嫩”。他把其中一块送给了朋友，另一块没用过，所以他也不知道这两块的真伪。

婆娑石 二

聂璜翻遍手头的书，也没找到吸毒石的记载。只在《汇苑》中看到一种“婆娑石”。它绿色底上挂着金星，产南海，解一切毒。番人用金子装饰它，做成戒指戴在手上。每次吃完饭就含吮戒面几次，以防食物中毒。鉴别它真伪，要把鸡冠子里的热血滴在碗中，扔进婆娑石，把血化为水者为真。聂璜认为，他获得的吸毒石就是婆娑石。

据中国中医科学院医史文献研究所的洪梅考证，中国古文献中的婆娑石，可能源自波斯语的“padzahr”和阿拉伯语的“bezoar”，意为解毒石，泛指从阿拉伯输入的多种具有解毒功能的矿物和动物结石。但是婆娑石的用法都是直接吮吸几口，或者做成膏剂，没有贴在毒疮上吸毒的。而且聂璜的吸毒石是黑的，不是绿色带金星。所以，《海错图》中的吸毒石和婆娑石不是一回事。

传教士的礼物 三

聂璜的文字里有个很重要的信息：吸毒石是外国的天主教神父送他的。这是打开谜团的钥匙。

法国巴黎图书馆现在收藏着一本编号为“Chinois · 5321”的硬皮书，为中国版刻，书名为《吸毒石原由用法》，署名“治理历法南怀仁识”。南怀仁大家都知道，是比利时著名传教士，清初来华，在钦天监工作，是康熙皇帝的科学老师，把大量西方的科学成果介绍到中国。不过，南怀仁介绍的大部分都是天文地理知识，所以《吸毒石原由用法》就显得很特殊

南怀仁，清初来华传教士，参与修订历法、制作天文仪器和红衣大炮。他最早将吸毒石介绍到中国

了。这本书只能算个小宣传册，总共才750字。但成书时间据推测为1685—1688年，正与聂璜同时代（《海错图》成书于1698年），也同样来自西方传教士，对解开《海错图》吸毒石之谜有很大的参考价值。

我没有见过《吸毒石原由用法》，但据中国中医科学院医史文献研究所甄雪燕、郑金生介绍，此书说吸毒石产于小西洋（中国南海以西地区），有两种：一种是毒蛇头内天然生成的石头；另一种是把这种石头与毒蛇肉、当地的土混合，二次加工成围棋子大小的石头。用法与聂璜所载一致。之前中国的本草书中未有此类记载，所以《吸毒石原由用法》是中国最早介绍吸毒石的文字资料。之后，方济会士石铎琭（Petro de la Piuela）用中文撰写了《本草补》，介绍西方医药。书中也提到了吸毒石，说它的存在是“逾显造物主之爱人，节制调和各品物，顺其性情，以全宇宙之美好云尔”。这时再回看聂璜被神父赠予吸毒石一事，我们可以看出，清初的传教士把行医治病作为传教的重要手段，吸毒石就是他们向中国人发放的赠品之一。

四 吸毒石的真相

北京大学南亚学系的陈明教授认为，吸毒石并非源自欧洲。17世纪中期，欧洲旅行者在印度见识到吸毒石，将其带回欧洲，之后被传教士带往世界各地。如今，吸毒石的踪迹遍布非洲、南美洲、亚洲，有“Snake-stone”“Naga mani”“Snake’s pearl”“Black stone”“Serpent-stone”多种别名。各地民间对吸毒石的说法挺统一，都说是毒蛇头中的石头，所以也称“蛇石”。至今，印度街边还会有商贩现场表演，从活眼镜蛇的后脑勺处划一刀，挤出一颗椭圆黑亮的小石头，说这就是蛇石，然后高价出售。这已经被证实是一种街头骗术了：商贩先把蛇后脑处划个小口子，把小黑石头塞进皮

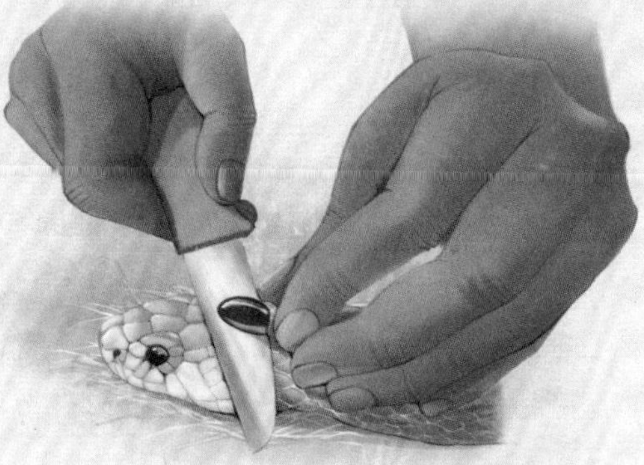

印度的江湖骗子当着路人的面，把事先藏在蛇后脑勺皮肤下的小黑石头剖出来，以蛇石的名义售卖

下，等伤口愈合，再上街当着人把石头挤出来。实际上，任何一种蛇的头里都不会生出石头来。论文《蛇石：神话与医学应用》（*Serpent stones: myth and medical application*）中盘点了民间常见的黑色椭圆状“蛇石”，要么是黑色玻璃打磨而成的，要么是用烧焦的骨头或角加工而成的。

黑色玻璃那种就纯属骗人了，连基础的吸附功能都无法做到。而那些真正能吸附在伤口上的吸毒石，基本是用动物骨头加工而成的。在非洲，做法是把牛大腿骨切成小块，用砂纸打磨成椭圆形，用锡箔包好，放进炭火里15～20分钟，取出放在冷水中冷却即可。做出来的样子和《海错图》中所绘一模一样。其他地区的做法也差不多。秘鲁一些护理专业的学生甚至要学习如何制作吸毒石，可见其盛行程度。在南怀仁的出生地——比利时的小城皮特姆，那里的传教士至今还拥有很多吸毒石，他们说可以用它治蛇咬。比利时根特大学收集了一些吸毒石进行分析，发现其主要成分是磷酸钙，证明它是骨头做的。而且吸毒石确实吸力很强，吸饱水后，只有20%～25%是石头自身的重量。这是因为被火烧过的骨头有很多微孔，所以放在伤口上会明显地吸附血液，至少短时间看上去挺管用的。可能这就是它在世界各地盛行的原因了。

那么，吸毒石真能把蛇毒吸出来吗？让-菲利普·希波

（Jean-Philippe Chippaux）等研究者用四种方法给小白鼠注入鼓腹咝蝰、锯鳞蝰和黑颈喷毒眼镜蛇的毒液，再用吸毒石治疗，结果是吸毒石虽然吸附了一部分毒液蛋白，降低了一点点毒性，但远远不能有效消除蛇毒。注入体内的蛇毒早就随着血液输送到全身，是吸不出来的。所以玻利维亚的一项医学研究指出："与人们普遍认为的相反，吸毒石没有治疗毒液的效果。"印度的研究也说："像吸毒石这样不科学的治疗方法，延误了正确的治疗。"

用动物骨骼制作的『吸毒石』，据论文照片绘制

在见到《海错图》里的吸毒石之前，我丝毫不知有这种东西存在。顺着图文找寻才惊讶地发现，今天世界的各个角落里还有人使用着它，细节几乎和聂璜记载的一模一样，时光仿佛在这块小石头上凝固了。

吸毒石最初只是一种骨头制成的止血小工具，后来被赋予了毒蛇头中石的神秘色彩，又被欧洲人作为传教工具带到世界各地。到了中国，还在吸蛇毒的基础上演变成具有吸各种毒疮的功效。幸运的是，吸毒石在中国并没有掀起什么波澜。它的制作方法没有跟着进入中国，成品的流通量也很低，加上夸张的传说，导致中国人一直将其视为异域怪谈类的存在，从未本土化地批量生产。而且中医的地位牢固，吸毒石并非什么不可替代的药品，没有对中药产生什么影响。在有了更靠谱的西药后，传教士也不再把吸毒石作为工具了。从时间上来看，吸毒石是最早被欧洲人介绍到中国的洋药，传教士们肯定指望它被中国人顶礼膜拜，没想到最后只沦为文人笔记里的谈资。

这其实是件好事，毕竟这药不灵嘛。

鸣　谢

在写书过程中，我遇到的都是好人。不论是20岁出头的小伙子，还是70多岁的老人，只要我求到他们，都热心帮助我。中国科学院海洋研究所的袁梓铭帮我厘定螃蟹分类。中国科学院南海海洋研究所的霍达为我提供海带、海参的相关渠道和图片。中国科学院植物研究所的刘冰为我把关海带的最新分类地位。《博物》杂志的编辑刘阜向我传授鳆演变成鲍鱼的古音流变。贝类学者王仁波、何径告诉我美国鲍鱼壳变色的故事。中国红树林保育联盟的理事长刘毅提供海地瓜的生态知识。东欣食品有限公司的林真、厦门大学的海洋生物学硕士曾文萃传授我辨别牡蛎雌雄的方法。温州大学的邢鑫、科普作家吴昌宇、科普作家严莹与我讨论蛋螺的日语来源。海洋文化学者朱家麟向我提供福建海底古森林照片，讲述“沉东京，浮福建”传说。蟹类研究者张旭提供相手蟹类最新分类信息。福建的老同学汤蔚、王锦达和同事林洁告知我竹筹在福建话里的发音。研究珊瑚的徐一唐、金政辰、李琰等人帮忙鉴定珊瑚种类。文物摄影师黄翼提供故宫珊瑚盆景照片。还要感谢本书的编辑乔琦，四本《海错图笔记》她全程负责，但是前三本我都忘了鸣谢她，亡羊补牢，为时未晚。做图书编辑是很细致、很累人的，何况连续9年做同一套书。鱼类学博士李昂，贝类爱好者赵小龙，厦门大学生命科学学院的本科生孟原正，蟹类爱好者张继灵，蟹类爱好者方博舟，贝类爱好者郭亮，美食家张新民，《博物》杂志插图主管张瑜，深沪湾海底古森林管委会，摄影师徐廷程，南京江豚水生生物保护协会的丁兆宸、刘晓琳和徐天旸，长江水产研究所研究员危起伟，博物学家陈育贤等，也都为本书提供了各种精彩图片和图片线索。郑秋旸为本书绘制了精美插图。在此一并致谢。

图　片

张辰亮：15下，16，19，25，39，47，49，65，66，74，103，108下右，119下，120上，121，136右，138上，140下，149，150，153上，154左，162下，163右，168，169，170，177，180，181上，182左，185下，189左下，189右，196上，199下，209上，218，220左，244下，245下，246；达志：17，27，45，67，90，94，108上，116，117，118，120中，120下，158左，165，209下，211右，220右，222，226右；Sylke Rohrlach：18；Jcwf：21下；郑秋旸：26，29下，105，113，123，132，174，176左，184左，201下，223上，224上，253，254；shankar s.：29上；危起伟：31；张继灵：34，129；Bernard DUPONT：36，112右；谷峰：42，43；Alain Feulvarch：50；Pinku Halder：59；徐廷程：60；方博舟：63，75左，76右，84上右，91，92，93，96右，99左；陈育贤：70；张旭：72左，77下右，81，82右，83，86右，87上右，111；刘晓琳：84下左；Natural Selections：107上；张新民：110右；高品：131，133右，143上，155，238下，239；全景：133左，197下，226左，236；H. Zell：136左；Philippe Bourjon：143下，208；深沪湾海底古森林管委会：152；Frédéric Ducarme：158右；Merlin Charon：161左；Meister Drucke：161右；赵小龙：176下，181下，186中，189左上，190左，191上；Littlesailfish：195；何径：198左下；郭亮：198左上，198右；Aexander Vasenin：206；壹图：207左；Alexander Green：207右；刘毅：210右，211左；黄翼：234；Parent Géry：238上；张瑜：240；Ayanadak：241；U.S. Fish and Wildlife Service Headquarters：243下；Auckland Museum：247左。

图书在版编目（CIP）数据

海错图笔记. 肆 / 张辰亮著. -- 北京 : 中信出版社, 2023.6（2023.7重印）
（《海错图笔记》系列套装礼盒）
ISBN 978-7-5217-5689-0

Ⅰ. ①海… Ⅱ. ①张… Ⅲ. ①海洋生物—普及读物 Ⅳ. ①Q178.53-49

中国国家版本馆CIP数据核字(2023)第075520号

本书中涉及《海错图》第一、二、三册的古图均由故宫博物院提供。

海错图笔记 · 肆
（《海错图笔记》系列套装礼盒）

著　　者：张辰亮
策划推广：北京地理全景知识产权管理有限责任公司
出版发行：中信出版集团股份有限公司
（北京市朝阳区东三环北路27号嘉铭中心　邮编　100020）
承 印 者：北京华联印刷有限公司
制　　版：北京美光设计制版有限公司

开　　本：710mm × 1000mm　1/16　　印　　张：16　　字　　数：216千字
版　　次：2023年6月第1版　　印　　次：2023年7月第2次印刷
书　　号：ISBN 978-7-5217-5689-0
定　　价：312.00元（全4册）